W0190819

Inhalt

Gestern und Heute

Erzeugung und Konsum von Nahrungsmitteln haben sich räumlich und zeitlich immer mehr voneinander getrennt. Gründe hierfür sind Änderungen in der Gesellschaft, wie zum Beispiel ein höherer Lebensstandard. Dazu gehört die individuelle Bedürfnisbefriedigung unabhängig von Saison oder Standort. Was früher noch undenkbar gewesen bzw. als großer Luxus gegolten hätte, ist zur Selbstverständlichkeit geworden. Hinzu kommt ein verändertes Freizeitverhalten, das zu dieser Entwicklung beiträgt.

Höherer Lebensstandard

Damit werden erhöhte Anforderungen an Verpackungen von Lebensmitteln gestellt. Sie sollen nicht nur die primären Funktionen wie Schutz des Inhaltes und verbesserte Transportmöglichkeit gewährleisten, sondern z. B. durch Konservierung der Nahrungsmittel letztendlich auch den Alltag erleichtern.

Konservierung …

Neben vielen anderen Packstoffen genügt die Weißblechverpackung diesen Anforderungen in besonders ausgeprägter Weise. Erst Weißblechdosen ermöglichen den langen Schiffstransport von Südfrüchten aus Übersee in unsere Regionen. Das Bier aus Skandinavien erreicht uns in der leichten Dose. Die Erbsen und Möhren aus der Dose können wir das ganze Jahr genießen. Die Liste der Beispiele könnte man beliebig erweitern.

… vor 200 Jahren noch ein Fremdwort

Noch vor knapp zweihundert Jahren waren die Lagerung und der Transport von Lebensmitteln auf wenige Verfahren beschränkt. Fisch und Fleisch wurden gesalzen oder getrocknet, Gemüse und Obst konnte nur kühl gelagert werden. Trotzdem verdarben viele Lebensmittel. In Verbindung mit schlechten Ernteergebnissen kam es oft zu Lebensmittelknappheit in den Wintermonaten.

Einen neuen Ansatz zur langen Lagerung von Lebensmitteln erfand der Franzose und Hofkoch Nicolas Appert im Jahre 1810. Im Auftrag von Napoleon entwickelte er die Hitzesterilisation von Nahrungsmitteln. Die ersten sterilisierten Verpackungen waren Weithalsgläser, verschlossen mit Korken und Draht. Nur wenige Monate später kombinierten die Engländer Peter Durand und August de Heine diese Idee mit luftdichten Weißblechverpackungen. Die Konservendose war geboren (Abb. 1).

**Dose
seit 1810 ...**

Weißblech fand bis dahin vor allem für Gebrauchsgegenstände wie Kannen oder Trinkflaschen Verwendung. Die ersten Weißblechtafeln soll es um 1240 in Böhmen gegeben haben. Hammerwerke schmiedeten Eisenplatten möglichst dünn. Das Oxid auf der Eisenoberfläche, der Zunder, wurde mit vergorener Roggenkleie abgebeizt, die blanken Tafeln in geschmolzenes Zinn, abgedeckt unter einer Talgschicht, eingetaucht. Nach dem Abtropfen und Abkühlen wurde die milchig-weiße Zinn-

*Abb. 1:
Dosen von »gestern«*

**... Weißblechtafeln schon
seit 1240**

schicht mit Werg aus Hanf- und Flachsrückständen poliert. Erst mit der Erfindung des Warmwalzens im Jahre 1728 in England konnten die Weißblechtafeln viel glatter, schöner und vor allem auch billiger hergestellt werden. Bis 1830 wurden in England auch das Beizen in verdünnter Salz- und Schwefelsäure, das Kaltwalzen und das Glühen in Glühkästen erfunden.

1934 Verzinnung per Elektrolyse

1934 ging in Andernach die erste elektrolytische Bandverzinnung in Betrieb. Damit wurden die Zinnschichten wesentlich dünner und gleichmäßiger aufgetragen. Mindestens ebenso wichtig an dieser Anlage war die endgültige Abkehr von der diskontinuierlichen Einzeltafel- zur kontinuierlichen Stahlbandverarbeitung. Weißblech konnte nun sehr wirtschaftlich hergestellt werden. Um 1960 verwendeten die Hersteller neben der Zinnschicht auch die Chromschicht als metallische Oberfläche.

Der harte Wettbewerb der Packmittel untereinander zwang auch die Dosenhersteller zu ständiger Verbesserung. So wurde die Dose parallel zur Entwicklung des Weißblechs immer zuverlässiger und auch preiswerter. Waren die Dosen des 19. Jahrhunderts noch im Wesentlichen in Handarbeit geformt und gelötet,

Im 19. Jh. Dosen handgeformt

übernahmen später entsprechende Maschinen diese eintönige Arbeit (Abb. 2). Der aufgelötete Deckel wurde durch den aufgefalzten Deckel ersetzt. Die nahtlose Getränkedose trat von den USA aus den Siegeszug an. Seit den siebziger Jahren wurde die gelötete Seitennaht bei Konservendosen durch die geschweißte Naht ersetzt.

Immer stand neben der Qualitätsverbesserung die Materialreduzierung bei allen Neuerungen oben an. Dünnere Bleche, dünnere Zinnschichten, dünnere Falze, dünnere Nähte – diese Entwicklungen sind bis heute noch nicht abgeschlossen.

NORTON'S AUTOMATIC CAN ENDING MACHINE CAPACITY 3600 PER HOUR

Aber auch der Prozess der Haltbarmachung entwickelte sich über die Jahre weiter. Beginnend über das Einkochen (Sterilisieren) kamen die Verfahren Pasteurisieren und für Getränke das Karbonisieren hinzu. In neuerer Zeit wurden das Evakuieren, das Schutzbegasen und die aseptische Abfüllung eingeführt.

So kann heute, je nach Erfordernis des Produktes, zwischen einer Vielzahl von Weißblechgüten, Dosen, Abfüllmethoden und Verfahren zur Haltbarmachung ausgewählt werden. Wie diese Menge an unterschiedlichsten Einzelaspekten ineinandergreift und am Ende eine gefüllte Dose herauskommt, beschreibt das vorliegende Buch.

Abb. 2:
Dosenproduktion im
letzten Jahrhundert

Diverse
Verfahren zur
Haltbarmachung

Herstellen von Weißblech

Warmgewalztes Stahlband ...

Ausgangswerkstoff für die Herstellung von Weißblech ist warmgewalztes Stahlband, das durch Kaltwalzen auf die erforderliche Dicke gebracht und anschließend mit Zinn oder Chrom veredelt wird. Im Stahlwerk wird die Stahlschmelze direkt aus dem Konverter im Stranggussverfahren kontinuierlich zu einem 200 mm dicken Strang gegossen. Schneidbrenner zerteilen den noch glühenden Strang in sogenannte Brammen (Abb. 3). Eine Warmbreitbandstraße reduziert anschließend kontinuier-

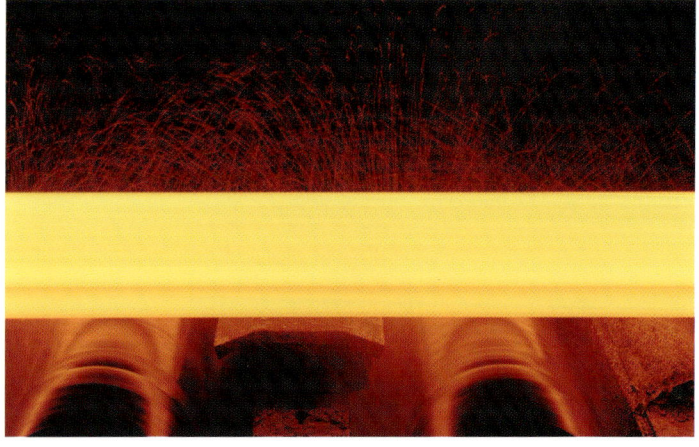

Abb. 3:
Glühende Bramme

lich die Dicke. Es entsteht das Warmband mit mehreren 100 m Länge. Bereits jetzt besitzen die Bänder ungefähr die Breite des Fertigerzeugnisses; die Dicke beträgt 2 bis 3 mm. Das aufgerollte Band hat heute ein Gewicht von maximal 23 t (geplant 35 t) (Abb. 4). Die Beschaffenheit des Warmbandes erfüllt alle Kriterien für das herzustellende Endprodukt.

Abb. 4:
Aufgerolltes
Stahlband

Feinstblech

Bevor das Warmband nun im kalten Zustand
auf die gewünschte Feinstblechdicke gewalzt
wird, muss die beim Warmwalzen entstandene
Eisenoxidschicht (Zunder) entfernt werden.
Zunächst wird der Zunder mechanisch ge-
lockert, damit im anschließenden Beizbad die
Schwefelsäure in die Grenzschicht zwischen
Oxid und Stahl eindringen kann. Die Warm-
bänder werden aneinander geschweißt und
endlos durch das Beizbad geführt.

**… auf ge-
wünschte Dicke
walzen**

Nach dem Beizen wird das Band gespült, getrocknet, teilweise an den Kanten besäumt,
eingeölt und zu Rollen (Coils) mit einem Gewicht von heute bis zu 23 t aufgewickelt.

**Coils von bis
zu 23 t**

Die eigentliche Dickenverminderung des warm-
gewalzten Bandes auf Enddicken von 0,12 bis
0,49 mm geschieht auf fünf- oder sechsgerüsti-

gen Kaltwalz-Tandemanlagen (Abb. 5). Ein Gerüst besteht aus vier übereinander angeordneten Walzen. Dabei übernimmt ein Paar Arbeitswalzen von je etwa 600 mm Durchmesser im di-

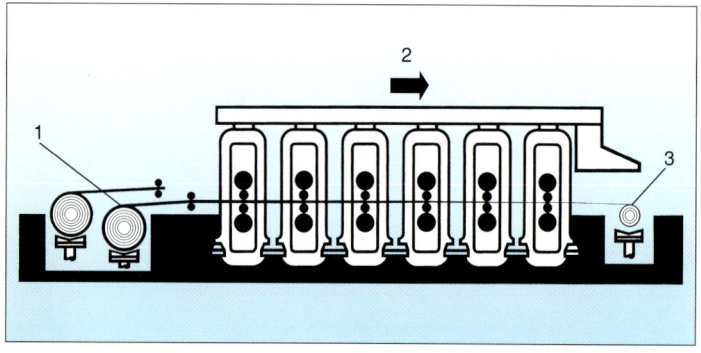

Abb. 5:
Sechsgerüstige Kaltwalz-Tandemstraße
1 Abwickelvorrichtung
2 Walzgerüste
3 Aufwickelhaspeln

rekten Kontakt mit dem Band die eigentliche Reduktionsarbeit, während je eine oberhalb und eine unterhalb der Arbeitswalzen angeordnete Stützwalze von etwa 1400 mm Durchmesser die Arbeitswalzen abstützt und sie daran hindert, durchzubiegen.

Die Höchstgeschwindigkeit des Bandes am Ende des Walzvorganges beträgt ca. 145 km/h. Zur Kühlung und Schmierung wird beim Walzprozess in den Walzspalt z. B. eine Wasser-Palmöl-Emulsion in einer Menge von bis zu 30 000 l/min. aufgespritzt. Diese Emulsion wird im Kreislauf gefahren, so dass der letztendliche Verbrauch relativ niedrig gehalten werden kann. Im Kühlmittelkreislaufsystem wird die Emulsion sauber gehalten und immer wieder in den erforderlichen Mischungszustand gebracht.

Dickenverminde-
rung um fast 90 %

Beim Kaltwalzen wird die Dicke des Bandes häufig um mehr als 90 % vermindert. Das Material verfestigt sich dadurch so stark, dass eine Verformung zu Dosenrümpfen oder Deckeln in diesem Zustand unmöglich ist. Im rekristallisierenden Glühvorgang werden diese Verfestigungen bei Temperaturen zwischen 600 und 800 °C wieder auf bestimmte Größenniveaus reduziert. Zuvor muss das Band aber von Verunreinigungen gesäubert werden. Dies erfolgt in einem elektrolytischen Entfettungsverfahren, bei dem das Band unter Stromeinwirkung ein alkalisches Bad durchläuft und anschließend gebürstet, gespült und getrocknet wieder zu Rollen aufgewickelt wird.

Rekristallisierender Glühvorgang

Abb. 6:
Haubenglühofen

Das Glühen für die härteren Qualitäten kann kontinuierlich in Durchlaufglühöfen oder diskontinuierlich in Haubenglühöfen für die weicheren Sorten erfolgen (Abb. 6).

Haubenglüh-ofen ...

Im Haubenglühofen werden bis zu vier aufgewickelte Stahlbandrollen übereinander auf einen Ofensockel gesetzt und mit zwei Schutzhauben umschlossen. Die sich im Ofen befindliche Luft wird durch ein sauerstofffreies Schutzgas ersetzt, um Oxidation an der Stahlbandoberfläche zu vermeiden. Die Rollen werden mittels Erdgas indirekt beheizt. Die Glühtemperaturen liegen zwischen 600 und 800 °C. Die durch das Kaltwalzen langgestreckte Kristallstruktur des Bandes wird hierbei in einem dreitägigen Behandlungsprozess, der Aufheizen und Abkühlen umfasst, wieder in eine grobkörnige Struktur gebracht.

... und Durch-laufglühofen ...

Den gleichen Effekt des rekristallisierenden Glühens erreicht man auch in den Durchlaufglühöfen. Der Glühzyklus, den das Band in senkrechten Schlaufen durchläuft, beträgt nur etwa zwei Minuten. Auch hier wird das Band die ganze Zeit unter Schutzgas gehalten. Die indirekte Beheizung erfolgt über innen gasgefeuerte keramische Rohre, die ihre Wärme zum Band hin abstrahlen. Das kurzzeitgeglühte Band ist härter und federsteifer als das im Haubenofen behandelte Material.

... stellen Kristallstruktur wieder her

Durch das rekristallisierende Glühen ist zwar die Kristallstruktur wiederhergestellt worden, das geglühte Material kann aber noch nicht für die Verarbeitung zu Weißblechverpackungen eingesetzt werden. Es würden starke Knicke und ungleichmäßiges Umformverhalten auftreten (Fließfigurenbildung).

Um dem Band die erforderlichen Umformeigenschaften zu geben, schließt sich nach dem Glühen ein trockenes Nachwalzen

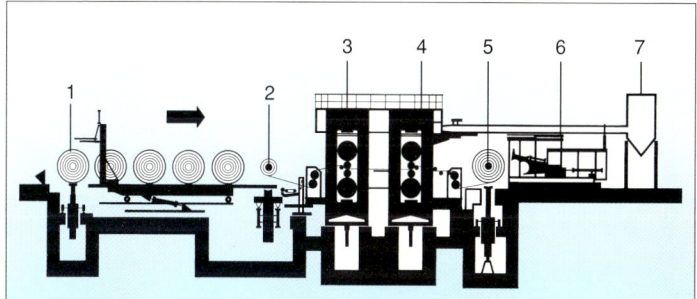

an, auch Dressieren genannt (Abb. 7). Hier erfolgt nur eine Dickenabnahme von etwa 1 %. Bei diesem Arbeitsgang wird gleichzeitig eine für den Verwendungszweck relevante Oberflächenrauheit erzeugt und die Planlage des Bandes verbessert. Das bedeutet, dass die Ebenheit der Bandoberfläche durch entsprechende Druckwirkungsweisen erreicht wird.

Zur Herstellung besonders dünner Bleche mit hoher Festigkeit wird statt des Dressierens eine zweite Kaltverformung mit Verringerung der Blechdicke von 10 bis 36 % durchgeführt. Auch bei diesem Prozess wird Kühlflüssigkeit benötigt. Es entsteht das doppelt reduzierte Feinstblech. Durch die zweite Kaltverfestigung ist das Material deutlich härter und steifer als das nur dressierte Band. Der Verarbeiter kann diese erhöhte Festigkeit nutzen, um die Verpackung bei gleichzeitiger Materialeinsparung stabiler zu gestalten. Das Feinstblech wird nun, abhängig vom Kundenwunsch, oberflächenveredelt.

Abb. 7:
Zweigerüstiges
Nachwalzwerk
1 Bundmess-Station
2 Abwickelhaspel
3 Gerüst 1
4 Gerüst 2
5 Aufwickelhaspel
6 Riemenwickler
7 Staubabsaugung

Zweite Kaltverfestigung

Weißblech

Erst durch die anschließende Veredelung wird das Feinstblech zu Weißblech. Die Hersteller bieten verzinnte und verchromte Qualitäten an.

Veredelung notwendig

In elektrolytischen Bandveredelungsanlagen werden die einzelnen Feinstblechrollen wieder zu einem Endlosband zusammengeschweißt. Der von Schlaufentürmen (Abb. 8) aufgenommene Bandvorrat ermöglicht auch während der notwendigen Stillstandzeiten beim Anei-

Abb. 8:
Schlaufentürme

nanderschweißen oder später beim Trennen der fertig gewickelten Rollen das kontinuierliche Durchlaufen des Bandes durch den Veredelungteil. Nach einer gründlichen Reinigung durch eine elektrolytische alkalische Behandlung und durch Beizen mit anschließendem Spülen gelangt das Band in den Elektrolyten, eine borflusssaure Zinnsalzlösung. Beim Verzinnen wird das Band über elektrisch leitende, kathodisch geschaltete Rollen geführt. Zu bei-

Borflusssaure
Zinnsalzlösung

den Seiten des Bandes eingehängte Zinnbarren fungieren als Anoden. Mit Hilfe des elektrischen Stromes geht Zinn von den Anoden im Elektrolyten in Lösung, wandert durch ihn zum Band und wird dort abgeschieden (Abb. 9). Unterschiedliche Stromstärken auf

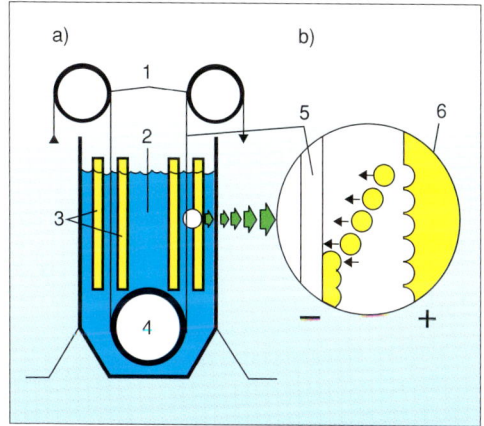

Abb. 9:
Schema der
Verzinnung
a) Gesamtbild
1 Stromrollen
2 Elektrolyt
3 Zinnanoden
4 Tauchrolle
b) vergrößerter
   Ausschnitt
5 Stahlband
6 Zinnanode

beiden Seiten des Bandes ermöglichen unterschiedlich dicke Verzinnungen auf beiden Seiten, die sogenannte Differenzverzinnung.

Die Oberfläche des Bandes besitzt noch nicht das für Weißblech typische brillant-glänzende Aussehen. Deshalb muss das Band kurzzeitig über den Zinnschmelzpunkt (232 °C) erwärmt und anschließend im Wasserbad wieder abgeschreckt werden. Auch die für viele Verarbeitungsschritte erforderliche chemische Verbindung von Eisen und Zinn zwischen dem Stahlgrundmaterial und dem Zinn entsteht nur mit Hilfe dieses Verfahrens.

Erwärmen über Zinnschmelzpunkt (232 °C)

Eine chemische Nachbehandlung, das Passivieren, vermindert die Bildung von Zinnoxid auf der Oberfläche. Eine Einölung von wenigen mg/m^2 zur Verbesserung der Gleiteigenschaften bei der Verarbeitung schließt den Pro-

Geringere Dicken beim Verchromen

zess ab. Übliche Zinnschichtdicken liegen heute zwischen 1,0 und 5,6 g/m^2.

Deutlich geringere Schichtdicken – zwischen 0,05 und 0,1 g/m^2 – werden beim elektrolytischen Verchromen von Feinstblech erzielt. Der Beschichtungsprozess läuft ähnlich dem Verzinnen ab. Das verchromte Feinstblech – auch ECCS (Electrolytically Chromium Coated Steel) genannt – lässt sich nur lackiert weiterverarbeiten, da die Chrom-Chromoxidschicht in den Werkzeugen starke Verschleißerscheinungen hervorruft. Die Chrom-Chromoxidschicht bietet einen ausgezeichneten Haftgrund für die Lackierung. ECCS kann heute überall dort eingesetzt werden, wo nicht geschweißt werden muss. Zur Anwendung kommt es daher bei gezogenen Dosen, Deckeln, Kronkorken etc. Wird das Weißblech geschweißt, muss verzinntes Material verwendet werden.

Nach dem metallischen Beschichten gelangt das Weißblech entweder direkt als Rolle zum

Abb. 10: Scrollstreifenzuschnitt

Verarbeiter oder wird zunächst zugeschnitten. Zuschnitte können sein:

- Geradtafeln, für rechteckige Blechteile wie z. B. Rumpfzuschnitte;
- Scrolltafeln (Abb. 10), für runde Blechteile wie Deckel oder Näpfe oder
- Schmalbänder für die Halbteilfertigung.

Die Konfektionierung kann auch beim Verarbeiter erfolgen.
In den meisten Anwendungsfällen genügt die metallische Beschichtung nicht, um unerwünschte Wechselwirkungen zwischen Füllgut und Weißblech oder Umwelt und Weißblech auszuschließen. Daher erfolgt eine Beschichtung mit organischen Substanzen. Auftragsverfahren sind hierbei das Lackieren oder das Folienbeschichten.
Als Folien kommen PP- oder PET-Folien zum Einsatz. Ausgezeichnete Formgebungseigenschaften in Verbindung mit guter Optik und optimalem Korrosionsschutz sind die wesentlichen Merkmale dieser Beschichtungen. Besonders geeignet ist das Material für die Verwendung im Bereich Aerosoldosen, für tiefgezogene Behälter, für Vollaufreißdeckel von Konservendosen und für Deckel, Deckelringe und Böden von Behältern für chemisch-technische Füllgüter. Basiswerkstoffe sind verzinntes oder spezialverchromtes Feinstblech von der Rolle. Weißblech lässt sich darüber hinaus auch brilliant auf Offsetdruckmaschinen bedrucken (Abb. 11). Die Bedruckung erfolgt auf schon zugeschnittenen Tafeln. Anschließend deckt ein Klarlack die Bedruckung ab und schützt so vor Verkratzen. Zu guter Letzt brennen Trockenöfen die Lackschichten ein. Dabei werden die Tafeln senkrecht stehend durch den Ofen geführt.

Abb. 11:
Bedruckte
Weißblechtafeln

Herstellen von Weißblechverpackungen

Zwei- und dreiteilige Dosen

Abhängig vom Füllgut hat die weißblechverarbeitende Industrie eine Vielzahl von Verpackungsformen entwickelt (Abb. 12). In der Praxis unterscheiden die Verpackungshersteller zwischen zweiteiligen und dreiteiligen Dosen. Eine dreiteilige Dose besitzt einen Deckel, ei-

Abb. 12:
Diverse Weißblech-
dosenformen

nen Boden und einen Rumpf. Im Regal findet der Endverbraucher diesen Typ z. B. als Gemüse-, Lack- oder Aerosoldose (Spraydose). Bei der zweiteiligen Dose bestehen Rumpf und Boden aus einem Teil. Bekannte Vertreter sind tiefgezogene Dosen (z. B. Fisch-, Wurst-, Bonbon- und Druckfarbendosen) und abstreckgezogene Dosen (Getränkedosen).

Eine weitere wichtige Dosengattung ist die

Schmuckdosen

Schmuckdose. Unverkennbar sind sowohl die

hochwertige Bedruckung als auch ein aufwendiger und wiederverschließbarer Deckel. Zu
den verpackten Produkten gehören unter
anderem Gebäck, Alkoholika oder Gesell-
schaftsspiele (Abb. 13). Aber auch qualitativ
hochwertige Produkte, wie z. B. Uhren,
Mobiltelefonkarten, Füllfederhalter und Par-
füms werden heute schon in Schmuckdosen
verpackt.

Abb. 13:
Schmuckdosen

Ein wesentliches Element der Dose ist der
Deckel. Die Palette reicht vom Deckel, der mit
dem Dosenöffner geöffnet werden muss, über
den Vollaufreißdeckel bis zum Aufreißdeckel für
Getränke (Stay-On-Tab).

Deckel

Weißblech ist aber auch bei den Glasabfül-
lern nicht mehr wegzudenken. Für Saft-
flaschen, Gemüse- und Obstgläser ist der Va-
kuum-Drehverschluss ideal, für Bierflaschen
der Kronkorken.

Dreiteilige Dose

Der Verpackungshersteller unterscheidet zwischen der runden und der unrunden Dreiteil-
dose. In der Produktion können runde Dosen

**Runde und
unrunde Dosen**

schneller und damit preiswerter hergestellt werden, während bei unrunden Dosen – egal ob oval oder eckig – erst ein runder Rumpf produziert wird, der in einem weiteren Bearbeitungsschritt zur gewünschten Form umgeformt werden muss.

Runde dreiteilige Dose

Aus rechtwinkligen Blechzuschnitten (Zargen) wird der zylindrische Rumpf der dreiteiligen Dose gebogen (Abb. 14). Der Zuschnitt erfolgt auf Tafel- und Rollenscheren, die die Blechtafel zunächst längs und dann nochmals quer teilen. Die Zargen werden dem Schweißbodymaker zugeführt und gelangen zuerst in eine Rundstation. Dort sorgen Walzen für eine Entspannung des Bandzuschnittes und formen den Dosenrumpf vor. Die Verbindung der je nach Verfahren auch mehrfach überlappenden Stoßkanten erfolgte früher hauptsächlich im Lötverfahren. Heute kommt das Widerstandspressschweißverfahren zur Anwendung. Dabei überlappen die Stoßkanten nur noch weniger als 0,5 mm. Zwei Schweißnahtrollen pressen die Blechenden zusammen und schicken einen Stromimpuls durch das Material. Aufgrund des hohen elektrischen Widerstandes an den Kontaktstellen der Blechenden erwärmt sich das Material und schweißt zusammen. Der Druck der Rollen beim Schweißprozess wird so eingestellt, dass die Nahtdicke an der Überlappungsstelle von ursprünglich zweifacher Blechdicke auf die bis zu 1,4-fache Dicke zusammengepresst wird. Die Überlappungsstelle des vorgeformten Bleches wird kontinuierlich zwischen den beiden Schweißrollen durchgeschoben. Die einzelnen Stromstöße ergeben dabei Schweißpunkte, die ein wenig überlappen. Damit entsteht über die gesamte Dosenhöhe eine dichte Schweißnaht. Um eine Schlackeschicht auf der Schweißnaht

Zuschnitt auf Tafel- und Rollenscheren

Widerstandspressschweißverfahren

Schweißpunkte durch Stromstöße

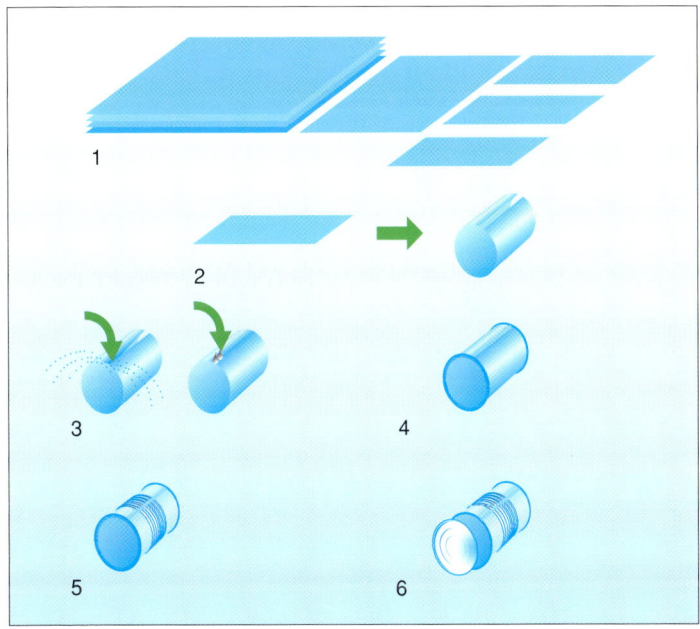

Abb. 14:
Herstellung einer
dreiteiligen
Konservendose
1 Zerteilen der
  Weißblechtafeln in
  einzelne Zargen
2 Zargen zum Rumpf
  formen
3 Naht schweißen
  und lackieren
  (innen und außen)
4 Rumpf bördeln
5 Rumpf mit Sicken
  versehen
6 Auffalzen des
  Bodens

zu vermeiden, erfolgt das Schweißen unter Schutzgas. In der Produktion können heute bis zu 110 m/min Schweißgeschwindigkeit erreicht werden.

Die Maschinensteuerung kontrolliert jeden Schweißimpuls. Sollte ein Impuls nicht den erforderlichen Stromfluss besitzen, ist der Schweißpunkt nicht ausgeführt und die Schweißnaht undicht. Die Steuerung schleust den entsprechenden Rumpf automatisch aus.

Somit ist für dieses Verfahren wesentlich, dass der Strom ungehindert von der Schweißrolle über die beiden Blechkanten zur Gegenrolle fließen kann.

Einen beeinflussenden Effekt hat die Zinnschicht des Materials mit der Schweißnahtrolle bei den hohen Schweißtemperaturen. Um diesen Effekt auf gleichem Niveau zu halten,

Kupferdraht

führt der Schweißautomat zwischen Blech und Rolle einen Kupferdraht mit ovalem Querschnitt. Der Draht kann nur einmal verwendet und muss anschließend einer Wiederverwertung zugeführt werden. Eine Verschmutzung der Rollen wird so vermieden.

Schweißbereich frei von Lacken und Folien

Da der Stromfluss beim Schweißen durch organische Beschichtungen auf den Blechzuschnitten gestört würde, muss der Schweißbereich frei von Lacken und Folien sein. Auch eine starke Chromschicht kann zu undichten Nähten führen.

Durch die oben beschriebenen Anforderungen des Schweißverfahrens ergeben sich die folgenden erforderlichen Weißblechspezifikationen.

Das Weißblech sollte mit möglichst gleichbleibender Zinnauflage und geringer Passivierungsschicht veredelt sein. Bei vorlackierten und gegebenenfalls bedruckten Tafeln bleiben die Schweißbereiche ausgespart. Nur selten setzen die Weißblechverarbeiter Verfahren ein, die den Schweißbereich vor dem Schweißen mechanisch von Chrom, Lack oder Folie befreien.

Organische Schutzschicht

Die ungeschützte Dosenschweißnaht kann in einem weiteren Prozess mit einer organischen Schutzschicht überzogen werden. Abhängig von den Anforderungen des zukünftigen Füllgutes kommen hier Lackaufträge in flüssiger oder pulvriger Form (elektrostatisch) zum Einsatz. Die Auftragsdicke ist verhältnismäßig hoch, da Schweißnähte immer scharfe vorstehende Ecken haben, die komplett abgedeckt werden müssen. Die Restwärme der Schweißnaht reicht nicht aus, die Lackschichten zu trocknen. Daher befinden sich im Anschluss an die Schweißanlagen Trockentunnel für die Nahtlacktrocknung.

Im Schweißbodymaker werden die Rümpfe liegend, Öffnung an Öffnung, durch die Anlagen geschleust, da die Nähte in einer Linie hergestellt werden. Die nachfolgenden Umformprozesse erfolgen in Karussellmaschinen, die die Rümpfe stehend an den Umformwerkzeugen vorbeiführen (Abb. 15). Ein in den Rumpf eingefahrener Stempel oder Teller sorgt jeweils für den erforderlichen Gegendruck. Je weicher das Blech umso einfacher gestaltet sich das Verformen des Rumpfes. Die Nähte mit ihrer Materialverdickung setzen aber dem Verformen relativ enge Grenzen. Insbesondere das Necken (Durchmesserverringerung am offenen Ende des Rumpfes) und das Verschließen sind hierdurch beeinflusst. Bei allen Verformungen ist grundsätzlich darauf zu achten, dass die schützenden Lackschichten nicht reißen. Der kritische Bereich ist hierbei auch die Nahtabdeckung.

Optional erfolgt das Sicken des Rumpfes (Rillen am Umfang). Sicken erhöhen die mechanische Belastbarkeit beim Erhitzen der Dose im

Karussellmaschinen

Abb. 15:
Alle Umformprozesse am Dosenrumpf, begonnen beim Necken über das Sicken zum einseitigen Verschließen, erfolgen heute in kompakten Karussellmaschinen.

**Sicken abhängig
vom Füllgut**

Abfüll-, Pasteurisations- oder Sterilisations-
prozess. Form und Anzahl der Sicken sind
wiederum abhängig vom Füllgut und der erforderlichen Belastbarkeit der Dose beim Abfüllen, Sterilisieren, Transportieren und La-
gern. Die Sicken können nicht nur als umlaufende Rillen sondern auch als Spirale oder als
Waben in den Rumpfumfang geprägt sein
(Abb. 16).

*Abb. 16:
Wabendose*

Prägungen

Prägungen werden in der Regel durch einen
Werkzeugstempel erzeugt, der in den Rumpf
einfährt und so stark von außen und bei Bedarf
auch von oben gedrückt wird, dass sich die
profilierte Oberfläche des Stempels bleibend
in die Rumpfwand eindrückt. So können fass-
artige Rümpfe oder unregelmäßig umlaufende
Prägungen erzeugt werden. Der Gestaltung
sind dabei kaum Grenzen gesetzt.

Necken

Ebenfalls optional erfolgt das Necken. Dabei
wird der Rumpfdurchmesser in der Regel an
einem Ende verringert. Mit unterschiedlichen
Endendurchmessern kann die Dose besser ge-
stapelt werden, der größere Boden einer oberen Dose liegt sicher auf dem kleineren Deckel
der unteren Dose.

Andere Neckverfahren werden angewendet, um beispielsweise einen Deckeldurchmesser wesentlich zu reduzieren. So lässt sich bei nahezu gleichem Inhaltsvolumen Deckelmaterial einsparen.

Mittels Stauchnecken erfolgt die Durchmesserverringerung, abhängig von Rumpfdurchmesser und Deckeldurchmesser, in mehreren Stufen.

Durchmesser-verringerung

Alle Rumpfenden müssen auf jeden Fall gebördelt werden, um den Boden und den Deckel sicher befestigen zu können. Dabei werden die umlaufenden Kanten des Rumpfendes nach außen gebogen. Die Geometrie wiederum ist abhängig vom verwendeten Deckelfalz.

Als letzter Schritt wird der Boden oder der Deckel mit dem Rumpf verbunden. Das schwierigere Ende wird zuerst aufgebracht, um das andere nach der Abfüllung ohne Probleme verschließen zu können. Bei dreiteiligen Getränkedosen ist es in der Regel der Stay-On-Tab-Deckel, bei geneckten Dosen das Ende mit der größten Durchmesserreduzierung. Dabei greift der umlaufende Außenhaken des Deckels (die Anrollung) um den Bördel. In zwei Stufen werden Rumpfbördel und Deckelhaken mechanisch ineinander gelegt, so dass der bekannte dichte Doppelfalz entsteht.

Schwierigeres Ende zuerst

Je kleiner der Dosenfalz ausgebildet ist, umso weniger Material wird verbraucht. Als begrenzende Stelle für den Falzvorgang gilt abermals die Verdickung im Nahtbereich. Dennoch ist es heute möglich, auch mit relativ kleinen Falzüberlappungen eine ausreichende Dichtigkeit herzustellen (Minifalz).

Dichter Doppel-falz

Wird die Dose vom Hersteller direkt inline abgefüllt, lässt sich gegebenenfalls der Minifalz auch für den Deckel einsetzen. Wird die einseitig offene Dose jedoch erst palettiert und zum Abfüller transportiert, sollte die Falzgeometrie am offenen Ende großzügiger ausgebildet sein, um aufgrund eventueller Transportschäden auch nach dem Abfüllen sicher dicht verschließen zu können.

Auf Dichtigkeit prüfen

Vor der Abfüllung werden die an einem Ende noch offenen Dosen auf Dichtigkeit überprüft. Dies erfolgt in sogenannten Trommelautomaten mit vielen Aufnahmestationen. Darin werden die Dosen jeweils mit einer Platte abgedichtet und je nach Prüfsystem mit Über- oder Unterdruck beaufschlagt. Wenn sich das vorgegebene Druckniveau über einen definierten Zeitraum nicht einstellt, ist die Dose undicht.

Verdickung des Falzes spürbar

Wenn man den Falz der verschlossenen Dose zwischen Daumen und Zeigefinger langsam und ohne viel Druck dreht, kann man deutlich die Verdickung des Falzes an der Schweißnaht fühlen. Mit ein bisschen Übung spürt man auch Unterschiede in der Falzqualität. Der am gesamten Umfang gleichmäßigere Falz kann ein Indiz dafür sein, dass dieses Ende zuerst auf den Rumpf gebracht wurde. Das Ende mit einem leicht welligen Falz ist in der Regel das Ende, das nach der Abfüllung verschlossen wurde.

Unrunde dreiteilige Dose

Die Herstellung des Rumpfes der unrunden Dose erfolgt zunächst als runder Rumpf mit Zuschnitt, Schweißen und gegebenenfalls Nahtlackieren, wie im Kapitel »Runde dreiteilige Dose« beschrieben (s. S. 20 ff.). An-

Mechanisch in Form gezogen

schließend wird der Rumpf mechanisch in die gewünschte Form gezogen.

Durch die unrunde Form kann der Rumpf bei den folgenden Umformprozessen nicht an feststehenden Werkzeugen abgerollt werden, so dass die Umformung an umlaufenden Werkzeugrollenpaaren erfolgt.

In der Regel werden unrunde Dosen nur relativ einfach gesickt und nicht geneckt, da hierfür die Werkzeugtechnik sehr aufwendig ist.

Vielfach findet man aber geprägte unrunde Dosen für den Einsatz als Schmuckdose.

Schmuckdose

In den meisten Fällen werden Schmuckdosen als wiederverschließbare Behälter hergestellt und von den Markenartiklern gern als Marketinginstrument eingesetzt (Abb. 17). Diese verwenden die Endverbraucher gerne für verschiedenste Aufbewahrungszwecke, nachdem sie das Originalfüllgut entnommen und verbraucht haben. Andere Verpackungsmaterialien werden nicht so oft einem zweiten Verwendungszweck zugeführt. Dies ist auch der Grund, warum in der Verpackungsgeschichte hauptsächlich von Schmuckdosen erzählt wird und nicht von Papier-, Kunststoff- oder Glasverpackungen.

Es ist nicht möglich, alle Arten der Schmuckdosen aufzuzählen. Dennoch ergeben sich auf-

Marketinginstrument

Abb. 17:
Schmuckdose

Abb. 18:
CD-Verpackung
aus Weißblech

Besonderheiten

grund der aufwendigen Herstellung einige Gemeinsamkeiten.

Die Lackierung und Bedruckung ist vorzugsweise von höchster Qualität. Die Schmuckdose besitzt keinen aufgefalzten Deckel. Zur Anwendung kommen stattdessen Stülpdeckel oder Scharnierdeckel. Das obere Ende von Unterteil und Deckel ist in der Regel nicht scharfkantig sondern abgerundet oder eingerollt ausgeformt. Die Seitennaht ist aus Gründen der Optik häufig eine mechanische Falzverbindung und keine Schweißnaht. Oft sind die Dosen aufwendig geprägt.

Der Gestaltung sind keine Grenzen gesetzt. Eher ausgefallene Gestaltungsformen sind zum Beispiel die Pflasterverpackung (kleine Rolle Pflaster auf Weißblechtrommel) oder Verpackungen für Musik-CDs (Abb. 18).

Zweiteilige Dose

Die weißblechverarbeitende Industrie hat lange mit den Problemen der Seitennaht bei dreiteiligen Dosen kämpfen müssen. Hierbei spielte insbesondere die unzureichende Nahtab-

deckung die Hauptrolle, die dazu führte, dass das Füllgut durch Poren mit dem Weißblech in Kontakt treten konnte und damit entweder das Füllgut (Geschmacksveränderung) oder die Dose (Undichtigkeiten) beschädigt wurde. So entwickelte man schon frühzeitig zweiteilige Dosen, die – weil tiefgezogen – keine Längsnaht besitzen. Heute gehören die meisten Probleme aufgrund der Optimierung der Schweißnaht und Verbesserung der Nahtabdeckung der Vergangenheit an. Dennoch ist die zweiteilige Dose in einigen Bereichen nicht mehr wegzudenken, obwohl sie im Vergleich zur dreiteiligen Dose teilweise teurer in der Herstellung ist. Zu nennen sind hier hauptsächlich flache Dosen mit großem Öffnungsdurchmesser (Fisch- oder Schuhcremedosen) oder Dosen mit eigenem Innendruck (karbonisierte Getränke, Abb. 19). Die flachen Dosen werden tiefgezogen, die Getränkedosen abstreckgezogen.

Abb. 19: Verschiedene Getränkedosen

Zweiteilige Dosen unverzichtbar

Tiefgezogene Dose

Hierbei handelt es sich um Dosen, deren Geometrie von rund über oval bis eckig gewählt

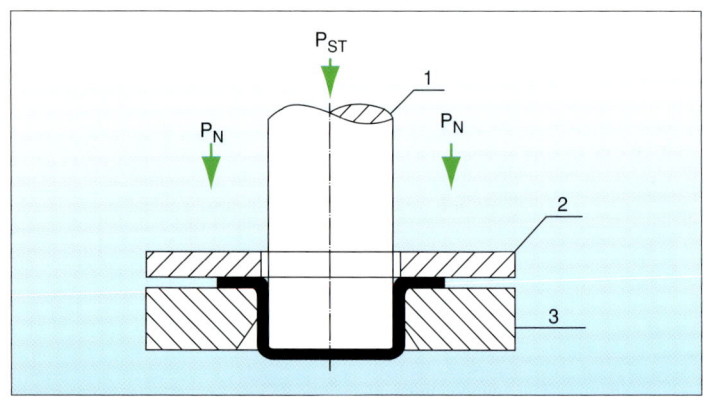

Abb. 20:
Schema vom Tief-
ziehen einer Dose
1   Stempel
2   Niederhalter
3   Ziehring
P_N *Haltedruck am*
     Niederhalter
P_{ST} *Druck des*
     Stempels

Verhältnis Höhe : Durchmesser

werden kann. Beispiele sind Dosen für Fisch-, Fleisch- und Wurstwaren. Zunächst werden aus dem Weißblech Ronden ausgestanzt, deren Durchmesser größer ist als der des fertigen Rumpfes. An den Rändern wird die Ronde mit einem Niederhalter festgehalten. Ein Stempel drückt das Rondenmaterial durch einen Ziehring, dabei wird das Rondenmaterial am Rand nach unten verformt (Abb. 20). Die Blechdicke des so entstandenen Napfes ist an allen Stellen (Boden und Wand) weitestgehend gleich. Hiermit kann ein Verhältnis Höhe zu Durchmesser von 1:2 realisiert werden.

Soll dieses Verhältnis überschritten werden, kann in einem zusätzlichen weiteren Bearbeitungsschritt noch tiefer gezogen werden. Dabei wird der Napf mit einem kleineren Stempel weiter tiefgezogen. Der endgültige Dosendurchmesser ist letztendlich geringer als der Durchmesser des vorgeformten Napfes. Das Material für die Dosenwand kommt dabei vom Rondenrand. Daher ist je nach gewünschter Tiefe besonderes Augenmerk auf die Ausbildung des Rondenniederhalters zu richten. Auf der einen Seite muss der Niederhalter die Ronde ausreichend festhalten, um

Faltenbildung zu vermeiden, auf der anderen Seite muss aber auch genügend Material vom Rondenrand durch den Niederhalter einfließen können, um das Reißen zu vermeiden. So lässt sich für runde Dosen ein Verhältnis der Höhe zum Durchmesser von bis zu 1:1 herstellen. Auch hierbei ist Wand- und Bodendicke nahezu identisch.

Das ungleichmäßig zipfelige Napfende wird abgeschnitten. Anschließend erfolgt die Bodenprägung und – wenn gewünscht – das Sicken, Necken und Bördeln der tiefgezogenen Dose.

Zipfeliges Napfende abschneiden

In der Regel werden die Ausgangstafeln lackiert oder bedruckt. Verchromtes Material muss grundsätzlich beschichtet sein, da die Werkzeuge ansonsten aufgrund seiner harten Chromschicht beschädigt werden könnten. Die Bedruckung für den Rumpfbereich von runden Tiefziehteilen entspricht nicht dem Originalbild, sondern liegt in verzerrter Form vor. Erst an der tiefgezogenen Dose erscheint das Druckbild in der gewünschten Art und Weise. Durch die hohe Umformung beim Tiefziehen müssen die eingesetzten Lacke und Druckfarben äußerst flexibel sein und dürfen selbst beim Weiterziehen nicht reißen. Auch tiefgezogene Dosen können als Schmuckdosen verwendet werden. Zu nennen ist hier beispielsweise die Füllfederbox.

Flexible Lacke und Druckfarben

Abstreckgezogene Dose

Durch das einem Tiefzug nachfolgende Abstreckziehen wird die Wand der Dose stark in der Dicke verjüngt. Die Stabilität der Dose ist erheblich verringert. Dies wird in der Regel mit einem entsprechend hohen Doseninnendruck kompensiert. Hierzu eignen sich karbonisierte Getränke, die den erforderlichen Innendruck aufbauen und so die gefüllte Dose stabil machen (Abb. 21). Die Dosenanlagen

Hoher Doseninnendruck

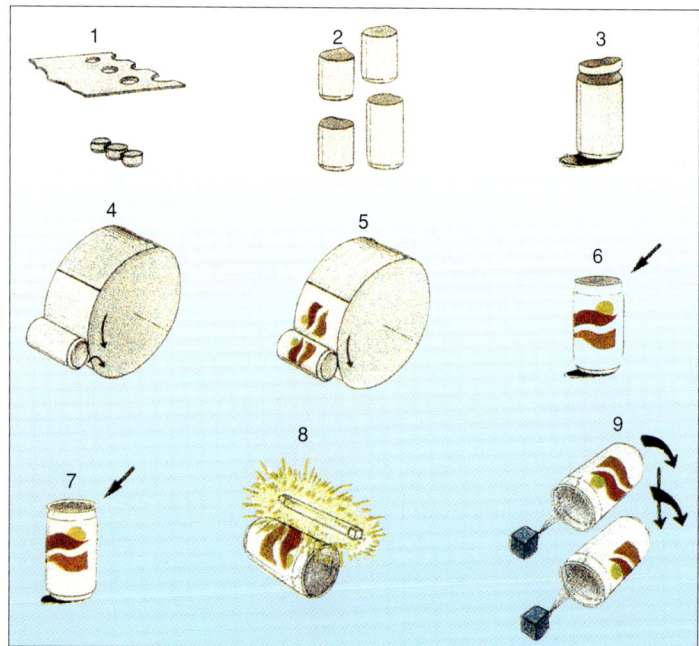

Abb. 21:
Schema von der
Herstellung einer
Getränkedose
1 tiefziehen
2 abstrecken
3 beschneiden
4 außen lackieren
  (Grundfarbe)
5 bedrucken
6 Dosenöffnung ver-
  jüngen
7 börbeln
8 Kontrolle auf
  Löcher
9 innen lackieren

sind aufgrund der aufwendigen Werkzeugtechnik nur begrenzt auf verschiedene Dosenfor-
mate umstellbar, so dass es bei der zweiteiligen im Verhältnis zur dreiteiligen Dose wenige verschiedene Dosenformen und -größen
gibt.
Vor dem Abstreckziehen wird die vorgestanzte
Ronde zu einem Napf gezogen, der bereits
annähernd den gewünschten Dosendurchmesser aufweist (Abb. 22). In dem nun folgenden
mehrstufigen Verfahren wird die Dose bei ent-
sprechender Verringerung der Wanddicke auf
eine gewünschte Höhe abgestreckt. Bei diesem Verfahren behält der Dosenboden die ur-
sprüngliche Materialdicke bei. Das Dosenende
wird durch eine entsprechende Stempelform-
gebung verdickt gestaltet. Dies ist für das

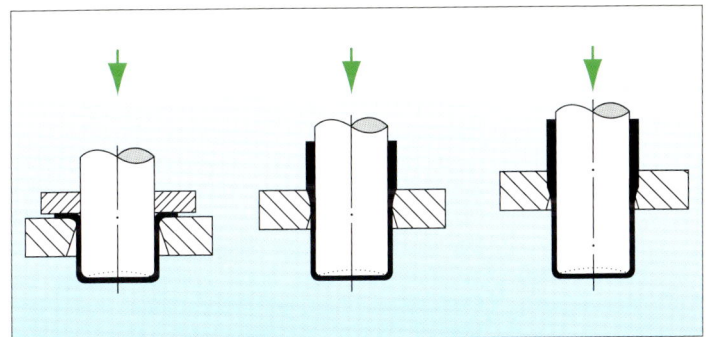

Necken und Bördeln der Dose sowie für die Festigkeit des Deckelverschlusses von entscheidender Bedeutung. Nach Erreichen der gewünschten Dosenhöhe wird die Dosenbodenform geprägt, der obere wellige Rand abgeschnitten, geneckt und gebördelt. Heute ist auch ein Sicken oder Prägen der relativ dünnen Rumpfwanddicken möglich.

Da bei der Herstellung von abgestreckten Dosen Gleit- und Schmiermittel eingesetzt werden, ist nach der Formung zuerst eine eingehende Reinigung erforderlich. In einigen wenigen Fällen kann das Weißblech wie bei den tiefgezogenen Dosen vor dem Abstrecken lackiert werden. Dafür werden noch flexiblere Lacke eingesetzt, um ein Reißen der Schicht beim Abstrecken zu vermeiden. Diese Verfahrensweise wird aber nur sehr selten angewendet.

In der Regel werden Abstreckdosen nicht aus vorlackiertem Ausgangsmaterial gefertigt. Nach der Reinigung erfolgt dann die Innenlackierung der Dosen. Dazu wird ein Sprühkopf in die Dose eingeführt, der Boden und Seitenwände mit einer gleichmäßigen Lackschicht überzieht. Bei sehr geschmacksempfindlichen Füllgütern wie Bier oder Mineralwasser wird eine zweite Lackschicht aufgetra-

Abb. 22:
Schema vom Abstreckziehen
links: Beim Tiefziehen wird ein Napf geformt.
Mitte und rechts: Beim Abstrecken bleibt der Durchmesser des Napfes erhalten, die Wanddicke wird verringert.

Innenlackierung

berühren. Auch die äußere Ritzlinie muss zur Vermeidung von Korrosion nachträglich oberflächenbehandelt werden. Bei Vollaufreißdosen, aus denen der Verbraucher nur mit Messer oder Gabel das Füllgut entnimmt, sind keine weiteren Vorkehrungen zu treffen. Typische Vertreter dieser Klasse sind Fisch- und Gemüsedosen.

Dose mit Vollaufreißdeckeln

Bei Dosen mit Vollaufreißdeckeln, aus der der Verbraucher das Füllgut mit der Hand herausholen könnte, sollte die scharfe Kante hinter einer Sicke im Dosenrumpf liegen. So fährt die Hand zwar an der vorstehenden Sicke vorbei, kann jedoch nur in ungünstigen Fällen die scharfe Kante des Vollaufrisses berühren. Typische Vertreter dieser Dosen sind Milchpulver- oder Erdnussdosen.

Für die technischen Füllgüter hat der Markt ebenfalls eine Vielzahl von Lösungen hervorgebracht. Insbesondere sind hier die für die hohen Innendrücke besonders geformten Deckel und Böden der Aerosoldosen zu nennen.

Das Problem der Wiederverschließbarkeit stellt sich insbesondere bei Füllgütern, die nur in Teilmengen entnommen werden. Im einfachsten Fall öffnet der Verbraucher die Dose

Abb. 24:
Deckel für
Lackdosen

über einen Vollaufriss und verschließt sie mit einem zusätzlichen Kunststoffdeckel. Typischer Vertreter ist hier die Kaffeedose.

Im technischen Bereich findet man vor allem die Lackdosen mit ihren aufwendigen zwei- bis dreiteiligen Deckeln. Hierbei wird ein Eindrückdeckel in einen Falzdeckel eingepresst. Der Verbraucher kann so den Eindrückdeckel öffnen, den Lack entnehmen und dauerhaft wieder verschließen (Abb. 24). Bei großen Gebinden kann in den Eindrückdeckel nochmals ein kleiner Eindrückdeckel integriert werden. Wenn der Verbraucher den Lack nur mit dem Pinsel entnimmt, braucht er dann nicht die gesamte Dose zu öffnen und der Lack trocknet nicht so schnell aus.

Vollständigkeitshalber seien noch die Stülpdeckel für Schmuckdosen genannt.

Zwei- und dreiteilige Deckel

Weißblechdeckel für Glas

Nicht immer ist Metall das Verpackungsmaterial der Wahl. Gerade bei Füllgütern, die der Verbaucher gerne von außen begutachtet, kommt neben Kunststoff auch häufig Glas als Behältnis in Frage. Die Gläser können mit Vakuumverschlüssen aus Weißblech verschlossen werden (Abb. 25). Die Herstellung erfolgt im Wesentlichen genauso wie die bereits oben geschilderten Deckel über Stanzen, Sicken, Anrollen und Einspritzen der Dichtungsmasse. Jedoch sind hier die notwendigen Dichtungsmassen dicker aufzutragen, da die Glasbehältnisse meistens etwas größere Maßunterschiede an ihrem Mündungsende haben können und der Verbraucher diese Deckel mehrmals auf- und zuschraubt.

Ein weiterer Verschluss für Glasflaschen ist der Kronkorken (Abb. 26). Seit seiner Erfindung vor über 100 Jahren hat er seine 21 Zacken beibehalten. Auch hier erfolgt die Her-

Abb. 25:
Deckel für Gläser

Abb. 26:
Kronkorken

Harte Lacke
für Kronkorken

stellung analog zu der oben geschilderten
Deckelherstellung. Einzig das Lackieren der
für Kronkorken erforderlichen Weißblechta-
feln erfolgt mit sehr harten Lacken, da die
Kronkorken in den Abfüllbetrieben über
Schüttelrutschen gefördert werden. Normale
Lacke würden hier schnell zerkratzen und un-
ansehnlich werden.

Abfüllen, Verschließen und Haltbarmachen

Nach dem eigentlichen Dosenherstellen erfolgt das Abfüllen. Wenn der Abfüller über das gesamte Jahr einen gleichmäßig hohen Bedarf an gleichen Dosen hat, können Dosenhersteller und Abfüller identisch sein. Beispiel hierfür sind die Produzenten von Kondensmilch.

Bedarf an Dosen

Besitzt der Abfüller einen stark schwankenden Dosenbedarf in Hinblick auf Anzahl oder Format, werden die leeren Dosen zugekauft. Hierzu zählen Abfüller aus dem Bereich Obst und Gemüse.

Bei Dosen, die in der Herstellung aufwendig sind, greift der Abfüller ebenfalls auf Zulieferer zurück. Dies ist insbesondere bei Getränken und technischen Füllgütern der Fall.

Der Abfüller unterscheidet zwischen den Arbeitsschritten Reinigen, Füllen, Verschließen, Haltbarmachen und Verpacken.

Arbeitsschritte des Abfüllers

Reinigen

Die leeren Dosen erreichen den Abfüller entweder auf Paletten oder, wenn sich die Dosenlinie im gleichen Betrieb befindet, direkt über entsprechende Fördersysteme (Abb. 27). Die Dosen werden bei beiden Transportarten aufrecht stehend transportiert. Dabei kann Schmutz in die oben offene Dose gelangen. Um diese Verunreinigungen zu entfernen, werden die Dosen zunächst gereinigt. Dies kann entweder durch Ausblasen, Ausspritzen, Ausdampfen oder eine Kombination der genannten Verfahren geschehen.

Ausblasen, Ausspritzen, Ausdampfen

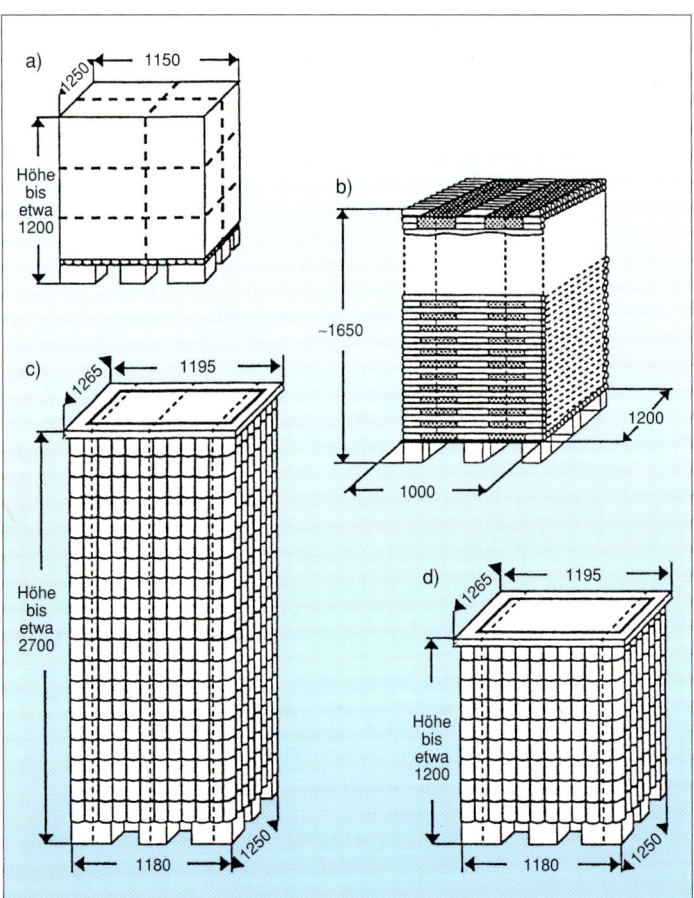

Abb. 27:
Dosen- und Deckel-
anlieferungspaletten
a) Palletpack
b) Schleifenpalette
c) Tall-Palletpack
d) Short-Palletpack

In Ausblasmaschinen werden die auf den Kopf gestellten Dosen über entsprechend angeordnete Düsen mittels Gebläse mit vorgeschalteten Filtern gereinigt. Anfallende Verunreinigungen, wie Staub oder Kartonabriebe, werden abgesaugt und ausgefiltert (Abb. 28).

Ausspritzanlagen funktionieren ähnlich wie die Ausblasanlagen, nur mit dem Unterschied,

dass statt Druckluft Wasser mit hohem Druck
zur Reinigung verwendet wird. Die Reinigung
mit Wasser, das zusätzlich noch erhitzt werden
kann, hat gegenüber der Druckluft den Vorteil,
dass auch fest anhaftende Verunreinigungen
sicher entfernt werden.

Abb. 28:
Reinigungsanlage für
Dosen, Flaschen und
Gläser

Den Einsatz von Ausdampfanlagen bedingen
in erster Linie hygienische Aspekte. Neben
dem Reinigungseffekt werden mit dem Ausdampfen auch die eventuell vorhandenen Mikroorganismen weitgehend abgetötet. Eine
Abdeckung sorgt dafür, dass die Dosen auf
dem Weg zur Abfüllung nicht erneut ver-
schmutzen.

**Mikroorganis-
men abtöten**

Füllen

In der Regel wird heute vollautomatisch abgefüllt. Einige Produkte lassen sich jedoch nicht
automatisch abfüllen. Dazu gehören zum Beispiel Fischprodukte der oberen Preisklasse.

Hier müssen die einzelnen Fischfilets manuell in die offene Dose abgelegt werden, um einerseits den empfindlichen Fisch nicht zu beschädigen und andererseits dem Endverbraucher eine appetitliche Gestaltung des Doseninhaltes zu bieten (Abb. 29).

Abb. 29:
Geöffnete Fischdose

Da aber die meisten Füllgüter in flüssiger, pastöser oder stückiger Form vorliegen, lässt sich das Abfüllen in vielen Fällen gut automatisieren.

Flüssige und pastöse Füllgüter
Die Kolbenfüllmaschinen eignen sich für alle pumpfähigen Substanzen. Es kann eine Teilmengendosierung oder auch eine Vollfüllung erfolgen, wobei Kalt- und Heißabfüllung möglich sind.

Kolbenfüller

Kolbenfüller arbeiten als kontinuierliche Rundläufermaschinen oder Reihenfüller, wobei die Anzahl der Füllstellen von der geforderten Leistung abhängig ist. Eine Volumenänderung wird durch Verstellung des Kolbenhubs erreicht. Kolbenfüllmaschinen finden ihren Einsatz zum Beispiel bei Konfitüren, Suppen, Soßen, Milch oder flüssigen technischen Füllgütern.

Mit Vakuumfüllmaschinen erreicht der Abfüller bei vorgefüllten Dosen einen gleichbleibenden Kopfraum, auch wenn unterschiedlich viel Füllgut in die Dosen gelangt ist. Die Vorfüllung kann zum Beispiel Gemüse sein, das mit einer Aufgussflüssigkeit aufgefüllt wird. Der gleichbleibende Kopfraum ist insbesondere bei der nachfolgenden Erhitzung der Dose wichtig. Nach dem Einlauf der Dose in die Rundläufermaschine wird die Öffnung durch eine Ventilplatte mit Kopfraumscheibe abgedichtet. Die Dose wird evakuiert, d. h. zwecks Unterdruckbildung mit Vakuum beaufschlagt. Das bedeutet, die Luft wird aus der Dose gezogen. Je stärker die Aussaugkraft, desto größer ist das Vakuum, das sich »aufbaut«. Nach der Evakuierung können pastöse und flüssige Füllgüter eingesaugt werden.

Gleichbleibender Kopfraum

Niveaufüllmaschinen kommen zum Einsatz, wenn das vorgefüllte empfindliche Produkt durch das angelegte Vakuum der Vakuumfüllmaschine Schaden nehmen könnte. Auch Aufgussflüssigkeiten, die stark zum Schäumen neigen, können hier schaumlos dosiert werden. Spezielle Füllventile sorgen dafür, dass die betreffenden Behältnisse immer bis zu der eingestellten Füllstandshöhe abgefüllt werden.

Niveaufüllmaschinen

Bei allen Füllmaschinen ist gewährleistet, dass kein Füllvorgang stattfindet, wenn sich kein Gefäß unter dem Füllventil befindet. Bei hohen Anlagenleistungen können die Füll- und Verschließmaschinen synchronisiert werden.

Stückige Füllgüter

Im Vergleich zu flüssigen oder pastösen Füllgütern sind stückige Materialien relativ schwer automatisch zu portionieren. Da aber in vielen Produkten der stückige Anteil oft die wertbestimmende Komponente darstellt, kommt es gerade hier auf eine genaue Einhaltung der Einwaage an, zum Beispiel bei Fleischkonserven wie Gulasch oder Ragout Fin. Unterschreitungen der Einwaage werden von den Untersuchungsbehörden beanstandet, während

Wertbestimmende Komponente

Überschreitungen auf die Gewinnmarge drücken. So haben sich neben den volumetrischen Füllern bei hochpreisigen Produkten die gravimetrischen Systeme durchgesetzt. Sie zeichnen sich vor allem durch Einhalten der Sollgewichte mit engen Toleranzen aus. Aus einem Vorratstrichter wird das Füllgut über ein Transportband oder eine Vibrationsrinne in eine Waagschale transportiert. Nach Erreichen von etwa 90 bis 97 % der vorgewählten Füllmenge wird die größere Vorfüllrinne abgeschaltet und der noch verbleibende Rest durch die kleinere Nachfüllrinne dosiert.

Transportband oder Vibrationsrinne

Die volumetrische Abfüllanlage funktioniert ohne Selektionswaage, ist daher von den Investitionskosten niedriger. Sie kann aber die Fülltoleranzen nur relativ ungenau einhalten, so dass aus Sicherheitsgründen häufig eine Kontrollwaage nachgeschaltet wird, die untergewichtige Dosen ausschleust.

Dosierkammern …

Das Füllgut wird unabhängig von der Verpackungsgröße in Dosierkammern eingefüllt. Damit lassen sich sowohl Teilmengen als auch Vollfüllungen realisieren. Oberhalb eines rotierenden Dosiertellers befindet sich der Fülltrichter. Je nach Kapazität ist der Dosierteller mit 6 bis 40 oder mehr Füllstationen ausgerüstet. Ein Abstreifsystem oberhalb des Fülltisches sorgt für eine gleichmäßige Verteilung und eine exakte Füllung der Dosierkammern mit Füllgut. Die Kammern öffnen nur, wenn sich die zu füllende Verpackung unterhalb der Auslassöffnung befindet. Die Abfüllung erfolgt im kontinuierlichen Rundlauf.

… mit Abstreifsystem

Soll die Anlage nur für Vollfüllungen eingesetzt werden, kann auf die Dosierkammern verzichtet werden, das Füllgut wird direkt in das Behältnis gegeben und am oberen Rand abgestreift.

Kontinuierliche Wägung

Durch eine kontinuierliche Wägung können sowohl Über- als auch Unterfüllungen erkannt werden. Über eine Tendenzsteuerung gibt die

Waage Signale an die Füllmaschine, die die Dosierkammer automatisch an produktbedingte Gewichtsschwankungen anpasst.

Rotkohl oder Sauerkraut bereiten bei Dosierung und Abfüllung besondere Probleme. Durch die faserige Struktur kommen hier spezielle Anlagen zum Einsatz (Abb. 30). Aus dem Vorratsbehälter wird das Produkt mit Hilfe einer Dosierschnecke durch seitlichen Einschub in die Dosierkammern der Anlage gefördert. Das Produkt gelangt auf direktem Weg in den Dosierzylinder. Dadurch werden Auspressverluste weitgehend vermieden. Nachdem das gewünschte Volumen in den Dosierzylinder eingebracht wurde, schneidet ein Messer den Krautstrang ab. Die Portion wird durch einen Kolben in die Dose eingefüllt.

Abfüllung von Rotkohl oder Sauerkraut

Abb. 30:
Krautfüllmaschine

Verschließen

Wie bereits im Kapitel »Dreiteilige Dose« beschrieben, wird der Deckel in zwei Schritten auf die offene Dose gefalzt. Der Deckel wird automatisch auf die Dose gelegt und dann wird die gesamte Einheit zwischen dem Verschließkopf und dem Bodenteller eingespannt (Abb. 31, 32).

Abb. 31:
Schema vom zwei-
stufigen Verschließen

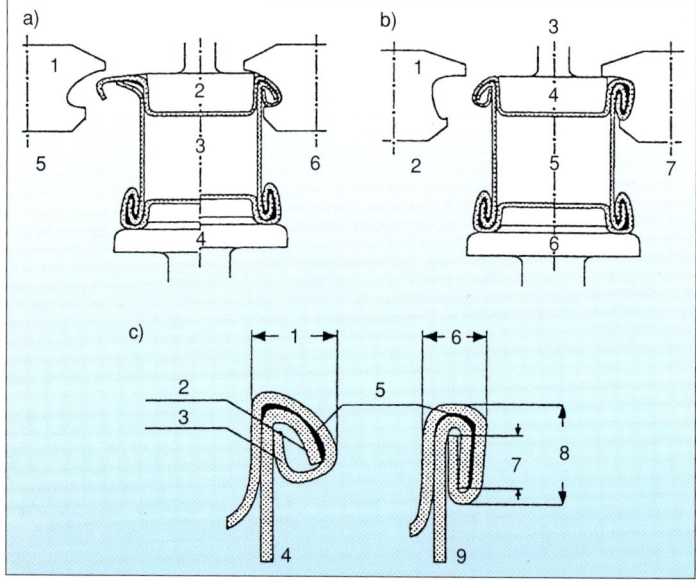

a) 1. Operation: 1 Vorrolle, 2 Verschließkopf, 3 Vorrollen, 4 Pinolenteller,
5 Beginn, 6 Ende
b) 2. Operation: 1 Andruckrolle, 2 Beginn, 3 Spindel, 4 Verschließkopf,
5 Andrücken, 6 Pinolenteller, 7 Ende
c) 1 vorgerollte Falzbreite, 2 Rumpfhaken, 3 Deckelhaken, 4 vorgerollter Falz, 5
Gummierung, 6 Falzbreite, 7 Überlappung, 8 Falzhöhe, 9 Falz fertig angedrückt

Die Vorrolle hat ein tiefes Profil und bewirkt, dass Deckelrand und Rumpfbördel zusammen eingerollt werden. Die Andrückrolle hat ein flacheres Profil und drückt den vorgerollten Falz so zusammen, dass die Bleche von Dose und Deckel eng aneinander liegen und sich im Zusammenwirken mit der Dichtmasse ein dichter Verschluss ergibt.

Haltbarmachen

Gerade für Lebensmittel, aber auch zum Teil für medizinische oder kosmetische Füllgüter, ist es von entscheidender Bedeutung, dass die Produkteigenschaften in der Dose möglichst vollständig und lang erhalten bleiben (Abb. 33). Im Vergleich zu anderen Packmitteln besticht die Dose durch

Abb. 32:
Aufbau eines
Deckelfalzes

- absoluten Lichtschutz,
- absolute Gasdichtigkeit,
- Füllgutneutralität,
- lange Lagerdauer ohne zusätzlichen Energieaufwand, wie beispielsweise beim Kühlen sowie
- hohe mechanische Verpackungsstabilität, die ein Stapeln und – in gewissen Grenzen – ein Anecken erlaubt.

Abb. 33:
Hochwertige
Lebensmittel
aus Dosen

**Weder Licht-
einfall noch
Gasaustausch**

Lichteinfall bei Lebensmitteln führt zum Ab-
bau von Vitaminen, Fettoxidation, Verfärbun-
gen und Schädigungen von Aroma und Ge-
schmacksstoffen. Der Gasaustausch mit der
Umgebung – genannt seien hier Sauerstoff,
Kohlendioxid oder Wasserdampf – führt zur
Oxidation von ungesättigten Fettsäuren, Vitaminen oder Aromastoffen. Sowohl den Lichteinfall als auch den Gasaustausch schließt die
Metallverpackung absolut aus.

Damit bleiben bei Lebensmitteln in Weißblechverpackungen die Inhaltsstoffe auch bei
langer Lagerung weitgehend erhalten. Unter-
suchungen zeigen, dass der Vitamingehalt
von Lebensmitteln nach der Zubereitung
durch den Verbraucher bei Konserven sogar
höher sein kann als bei dem gleichen Produkt,
das der Konsument frisch zubereitet. Die
Ursache liegt darin, dass die Frischware
nach der Ernte oft mehrere Tage bis zum
Konsumenten unterwegs ist und während
des Transports viele wichtige Inhaltsstoffe,
beispielsweise Vitamin C, abgebaut werden
(Abb. 34).

Abb. 34:
Vergleich des Vita-
min C-Gehaltes von
Konservenbohnen
und frischen Bohnen

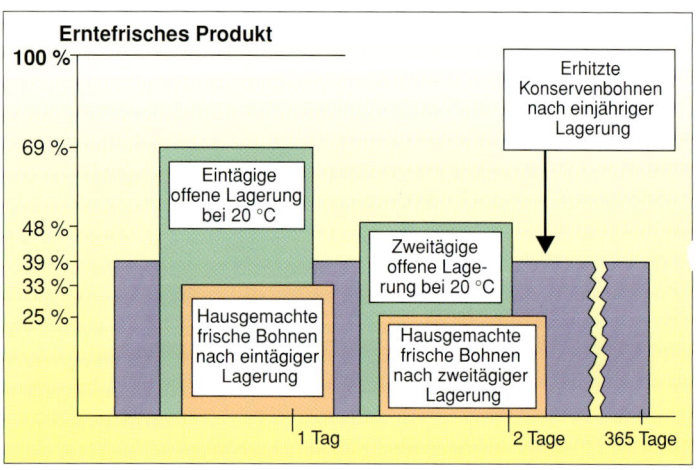

Um die genannten positiven Eigenschaften der Weißblechverpackung zu unterstützen, wird der Inhalt so schonend wie möglich behandelt. Da die Konserven durch Erhitzen haltbar gemacht werden können, ist Zusatz von Konservierungsmitteln nicht notwendig. Leider verführt der umgangssprachlich verwendete Begriff Konservendose leicht zur Annahme, dass der Inhalt von Dosen mit Konservierungsmitteln haltbar gemacht wurde. Dies ist – wie geschildert – weder zulässig noch notwendig.

Keine Konser-vierungsmittel notwendig!

Angepasst an Füllgut und gewünschte Lagerdauer haben sich verschiedene Methoden der Haltbarmachung durchgesetzt. Allen Verfahren ist gemein, dass sie die mikrobiellen oder enzymatischen Vorgänge, die zum Verderb führen können, unterbinden oder – im Falle der begrenzten Haltbarmachung – verzögern. Im Zusammenhang mit der Weißblechdose sind hier vor allem das

• Evakuieren/Schutzbegasen,
• Karbonisieren,
• Pasteurisieren,
• Sterilisieren und die
• aseptische Abfüllung

zu nennen.

Evakuieren/Schutzbegasen

Durch das Evakuieren der Dose (mit Vakuum beaufschlagen) und das anschließende Begasen mit inerten Gasen wie Stickstoff oder Kohlendioxid werden mikrobiologische Prozesse, hervorgerufen durch Pilze, Hefen und Bakterien, verzögert. Den Mikroorganismen, die Sauerstoff zum Leben benötigen (aerob), wird der Sauerstoff in der Dose entzogen.

Mikrobiologi-sche Prozesse verzögern

Das Fehlen des Sauerstoffes in der Verpackung sorgt auch dafür, dass die sensorischen Eigenschaften des Füllgutes erhalten bleiben. Genannt sei in diesem Zusammenhang zum Beispiel das »Ranzigwerden« von Fetten.

Die Schutzbegasung hat jedoch keinen Einfluss auf die biochemischen Veränderungen des Füllgutes. Hierzu gehören insbesondere Fett- und Kohlenhydratspaltungen und Eiweißveränderungen. Daher kann das Evakuieren in der Regel nur unterstützend mit anderen Verfahren eingesetzt werden.

Evakuieren nur unterstützendes Verfahren

Die hohe mechanische Stabilität der Weißblechverpackung sorgt dafür, dass die Dose durch das in ihr herrschende Vakuum nicht in sich zusammenfällt und das Füllgut schädigt. Geeignete Lebensmittel für eine Evakuierung und Begasung sind zum Beispiel Backwaren, Kartoffelflocken, Milchpulver, Kaffee und Nüsse.

Karbonisieren

Das Karbonisieren hat sich vor allem bei Erfrischungsgetränken durchgesetzt. Dabei macht sich der Abfüller die keimhemmende Wirkung von Kohlensäure, einhergehend mit dem Erfrischungseffekt durch die prickelnden Eigenschaften, zunutze. Beim Karbonisieren von Wasser werden etwa 0,1 % des zugegebenen CO_2 mit Wasser chemisch zu Kohlensäure gebunden. Die CO_2-Aufnahmefähigkeit der Flüssigkeit ist abhängig vom Druck im System, der Temperatur der Flüssigkeit und den Inhaltsstoffen der Flüssigkeit. Je höher der Systemdruck und je tiefer die Temperatur, umso besser lassen sich die Getränke mit CO_2 imprägnieren. Der CO_2-Aufnahme steht ein hoher Sauerstoffgehalt im Wasser entgegen. Daher wird gerade bei sehr sauerstoffhaltigem Wasser zunächst der Sauerstoff entzogen. Dies geschieht in evakuierten Behältern, in denen das Wasser versprüht

Keimhemmende Wirkung von Kohlensäure

Sauerstoff entziehen

wird. Durch das anliegende Vakuum löst sich der gebundene Sauerstoff und wird abgesaugt. Es besteht aber auch die Möglichkeit, unter Druck einen Austausch von Sauerstoff und CO_2 vorzunehmen.

Beim eigentlichen Karbonisieren kommt es nun darauf an, dass das Wasser oder Getränk auf eine möglichst große Fläche verteilt wird und das vorbeiströmende gasförmige CO_2 aufnimmt (Abb. 35). Bis die Flüssigkeit dann

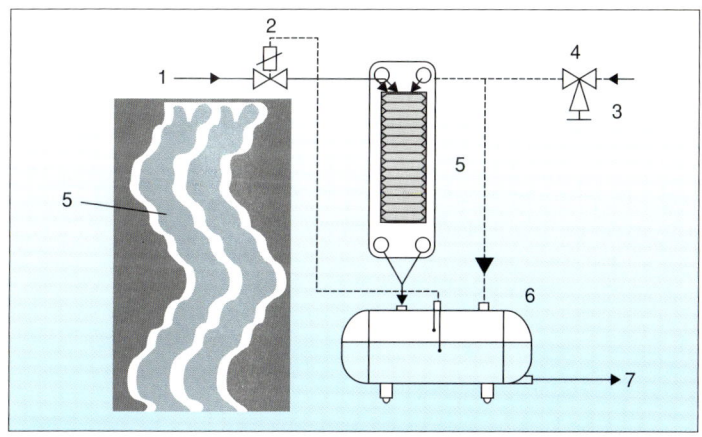

letztendlich in der Dose verschlossen ist, gibt sie einiges des aufgenommenen CO_2 wieder ab. Das heißt, dass beim Karbonisieren mehr CO_2 von der Flüssigkeit aufgenommen werden muss als der Karbonisierungsgrad des fertigen Getränks vorsieht.

Pasteurisieren

Beim Pasteurisieren handelt es sich um einen Hitzebehandlungsprozeß, der bei Temperaturen zwischen 70 und 100 °C durchgeführt wird (Abb. 36). Bei diesen Temperaturen erfolgt keine vollständige Inaktivierung der Verderbniserreger, so dass neben dicht schließenden

Abb. 35:
Schema vom
Karbonisieren
1 Wassereintritt
2 Magnetventil
3 CO_2-Eintritt
4 CO_2-Reduzierventil
5 Einstromplatte als Rieselfläche für den Gasaustausch
6 Ausgleichsbehälter
7 Zur Füllmaschine

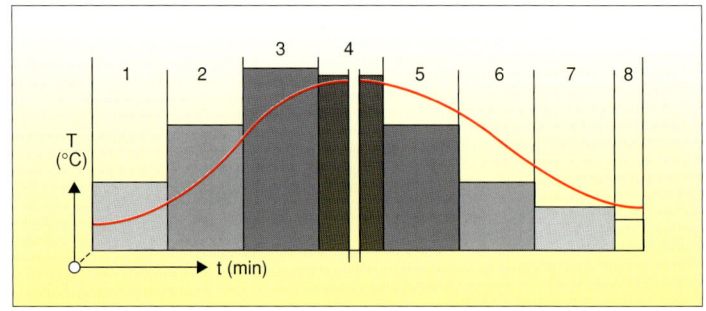

Behältnissen weitere Maßnahmen oder bestimmte Eigenschaften des Lebensmittels selbst zur Haltbarmachung erforderlich sind. So werden pasteurisierte Produkte wie Milch oder Schinken zusätzlich gekühlt.

Bei Obst- und Sauerkonserven ist diese Kühlung nicht erforderlich. Hier bewirkt der niedrige pH-Wert (kleiner 4,5) in Verbindung mit der Pasteurisation eine ausreichende Konservierung, da Sporenbildner in diesem pH-Bereich nicht mehr aktiv werden können.

Die heute üblichen Durchlaufpasteurisatoren arbeiten entweder mit Wasserbad, Dampfdüsen oder Berieselungsdüsen.

Sterilisieren

Bei der Sterilisation liegen die Erhitzungstemperaturen über 100 °C. Damit ist eine vollständige Inaktivierung von Mikroorganismen und Enzymen sichergestellt. Es entstehen die sogenannten Vollkonserven mit langer Haltbarkeit. Wesentlich bei dem Verfahren ist, dass das gesamte Füllgut ausreichend lange die geforderte **Mindesttemperatur: 100 °C** Mindesttemperatur gehalten hat. Bei stehenden Dosen und festen Füllgütern erfolgt die notwendige Erhitzung der gesamten Dose nur langsam, da die Wärme von außen bis in die Mitte der Dose geleitet werden muss. Bei Dosen mit flüssigen Füllgütern erfolgt die Erhitzung des gesamten Inhaltes schneller, da die geschlossene Dose in Autoklaven (Druckkessel zum Überhitzen der Umgebungstemperatur) rotiert und somit die Wärme durch die Bewegung des Füllgutes in der Dose nach innen transportiert wird (Abb. 37). Die erforderliche Chargenzeit kann damit wesentlich reduziert werden.

In der Praxis kommen sowohl diskontinuierliche – bei oft wechselnden Formaten, großer

Abb. 37 (oben): Wärmeleitung und Konvektion (unten): Wärmeleitung Temperaturverlauf

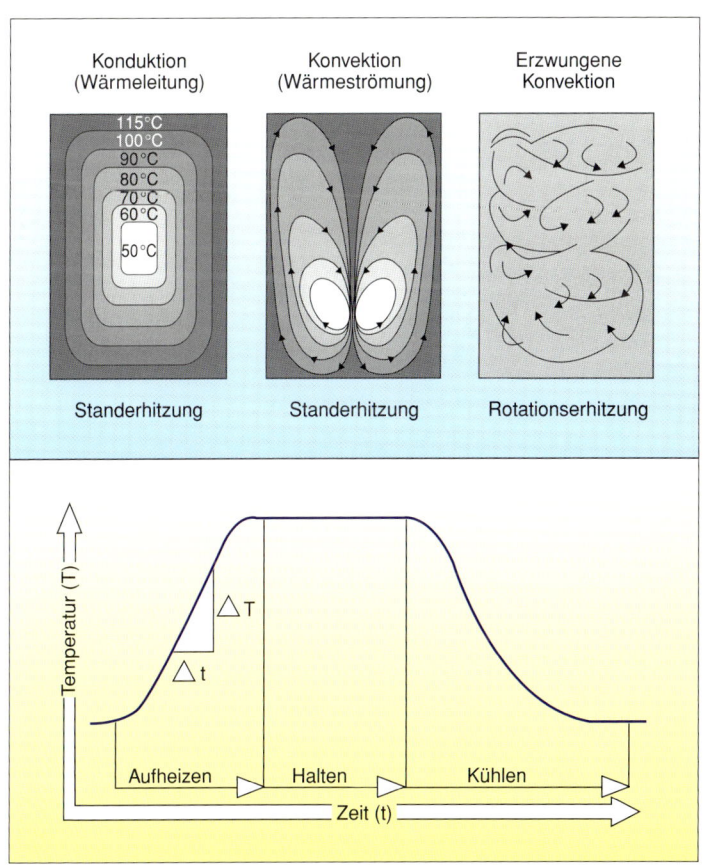

Diverse Anlagen

Produktvielfalt oder kleinen Stückzahlen – als auch kontinuierliche Autoklaven bei großen Stückzahlen mit gleichen geometrischen Abmessungen zum Einsatz.

Ebenso wie bei der Pasteurisation kommen auch hier Anlagen mit Vollwasser, Dampfdüsen oder Berieselungsanlagen zum Einsatz. Als Sonderverfahren findet man auch vereinzelt Beflammungsanlagen, die die Dose direkt über offener Flamme erhitzen. Bedingt durch die höheren Temperaturen beim Sterilisieren liegt der Innendruck der Dose höher als beim Pasteurisieren. Daher arbeiten die Anlagen mit Gegendruck, der dem Doseninnendruck entgegenwirkt. Viele Anlagen können während der Erhitzung die Dose drehen, so dass kürzere Chargenzeiten realisiert werden können.

Aseptisches Abfüllen

Bei der klassischen Herstellung von Lebensmitteldosen erfolgt das Abfüllen und Verschließen der Dose unter unsterilen Bedingungen. Die geschlossene Verpackung und das Füllgut werden erst im Anschluss gemeinsam hitzekonserviert.

Bei der aseptischen Abfüllung werden Verpackung und Füllgut vor dem Füllen getrennt entkeimt und anschließend im keimfreien Raum abgefüllt und verschlossen (Abb. 38).

Sekundenlang auf 135 – 150 °C erhitzen

Das Füllgut wird mit hohen Temperaturen (135 – 150 °C) erhitzt. Die Haltezeit ist sehr kurz und liegt im Sekundenbereich. Damit eignet sich dieses Verfahren für flüssige Produkte mit nur wenigen kleinen Stücken. Beispiele für die aseptische Abfüllung sind Milch, Fruchtsäfte, Cremes, Desserts, Fertigsuppen und Saucen.

Werden die Stücke größer (über 10 mm Durchmesser), muss die Haltezeit verlängert werden. Die hohen Temperaturen schädigen dann jedoch auch das flüssige Trägermedium. Daher

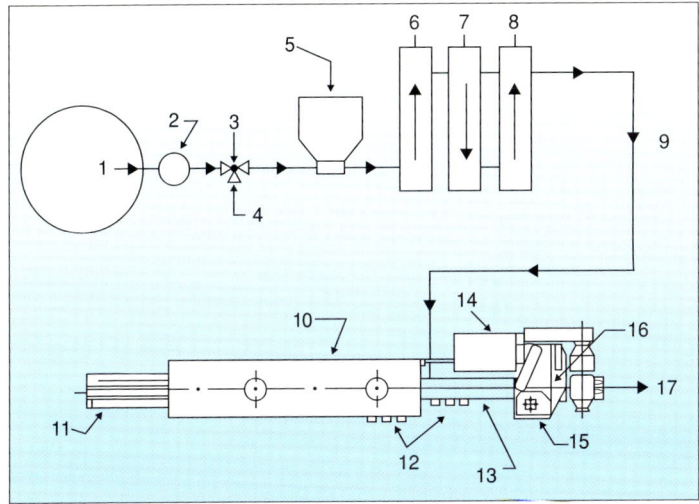

muss in diesem Fall der stückige Anteil getrennt von dem flüssigen Füllgut sterilisiert werden.

Die Dosen werden mit Heißluft oder Dampf von etwa 260 °C sterilisiert. Angestrebt wird eine Oberflächentemperatur von etwa 225 °C. Das Abfüllen und anschließende Verschließen erfolgt unter sterilen Bedingungen. Eine Überdruckatmosphäre von Sterilluft oder -dampf sorgt dafür, dass keine Keime von außen in den Abfüllbereich eindringen können.

Verpacken

Die Weißblechdose im Regal muss den Endverbraucher überzeugen. Stimmt das Produkt, und der Verbraucher kann zwischen mehreren Angeboten wählen, entscheidet die Art der Darbietung. Daher kommt es auf ein ansprechendes und vor allem differenziertes Aussehen an. Dies kann durch eine ausgefallene Form der Dose erfolgen, durch eine anspre-

Abb. 38:
Schema aseptische
Abfüllung
1 Produkttank
2 Pumpe
3 Dreiwegeventil
4 Sterilisations-
*   wassereinlauf*
5 Hochdruckpumpe
6 Heizen
7 Halten
8 Kühlen
9 Steriles Produkt
10 Dosensterilisation
11 Dosenaufgabe
12 Kontrollelemente
13 Füllmaschine
14 Bedienungstafel
15 Deckelsterilisation
16 Verschließer
17 Dosenaustrag

Abb. 39:
Verpackungsvielfalt
aus Weißblech

chende Lackierung und Bedruckung oder Etikettierung und nicht zuletzt durch intelligente Verpackungsideen (Abb. 39).

Lackieren und Bedrucken

Die Herstellung der dreiteiligen Dosen, der Deckel und der Verschlüsse erfolgt aus Blechtafeln. Diese lassen sich nahezu beliebig lackieren und im Offsetdruck bedrucken (Abb. 40). Die Lackierung des Weißblechs erfolgt heute häufig vor der eigentlichen Dosenfertigung und nicht beim Dosenhersteller.

Zunächst werden die Zuschnitte lackiert. Der Lack sorgt in der Dose dafür, dass Füllgut und Dose nicht in Wechselwirkung treten können, der Außenlack bietet einen ausreichenden Korrosionsschutz. Die heutigen Lacke und Lacksysteme erfüllen Kriterien wie Kochfestigkeit des Lackes, absolute Neutralität auch

Innenlack als Schutz für Füllgut

*Abb. 40:
Steuerstand einer
Bedruckungs- und
Lackieranlage*

gegenüber aggressiven Füllgütern und optimales Verhalten auch während längerer Lagerzeiten.

Der Innenlack ist in der Regel transparent bis leicht goldfarben, häufig auch weiß. Der Außenlack ist in den meisten Fällen farblos oder auch goldfarben. Sollen die aufgedruckten Farben besonders brillant hervortreten, ist die erste Druckfarbe ein weißer Lack. Danach werden in mehreren Lagen weitere Farben aufgetragen, bis das Druckbild komplett ist. Bei dreiteiligen Dosen sorgen die etwas überstehenden Deckel- und Bodenfalze dafür, dass die Dosenrümpfe beim Transport nicht aneinander schaben, so dass kein kratzfester Decklack erforderlich ist. Die Seitennaht wird nach dem Schweißen mit Lack abgedeckt.

Bei geneckten dreiteiligen Dosen, zweiteiligen Dosen, Kronkorken und Nockendrehverschlüssen besteht jedoch die Gefahr des Verkratzens. Daher erfolgt hier nach dem Druck in der Regel eine klare Schutzlackierung.

Erste Druckfarbe: weiß

Seitennaht wird lackiert

Etikettieren

Als Alternative zur farbigen Bedruckung besteht die Möglichkeit, das Weißblechgebinde mit einem Papieretikett auszustatten (Abb. 41). Die Etikettierung nach dem Füllvorgang besitzt den logistischen Vorteil, dass die gleiche Dose mit gleichem Inhalt – je nach

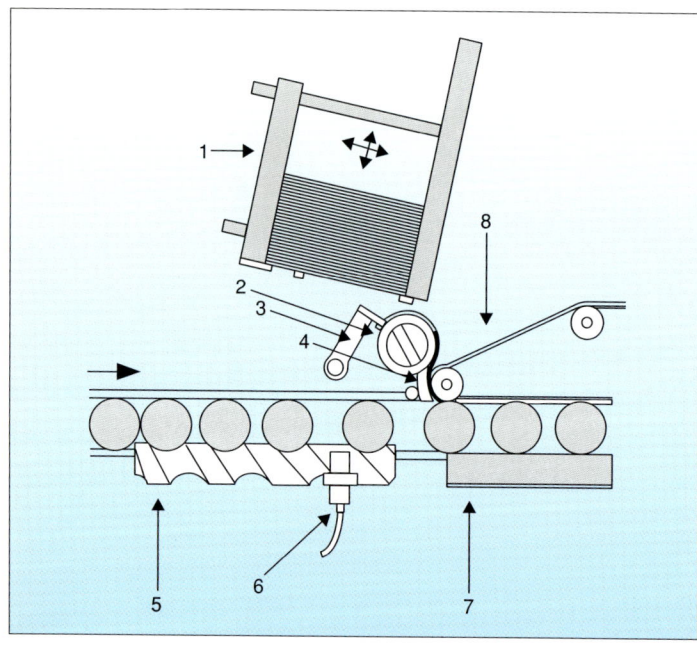

Abb. 41:
Schema Etikettieren
1 Etikettenmagazin
2 Leimwalze
3 Leimabstreifer
4 Etikettenabstreif-
* kamm*
5 Einteilschnecke
6 Taster
7 Nachpressplatte
8 Nachpressband

Auftrag – mit unterschiedlichen Etiketten versehen werden kann. Dies ist wichtig, wenn der Abfüller seine Produkte in verschiedene Länder verkauft oder innerhalb eines Landes verschiedene Handelsmarken beliefert.

Ein anderer Vorteil ergibt sich, wenn der Abfüller in die gleiche Dosenform unterschiedliche Produkte einfüllt. Er muss dann nur das Etikett wechseln.

Der Papierdruck ist für kleine Auflagen auch wesentlich preisgünstiger als der Mehrfarbdruck auf Weißblech, der sich erst ab großen Stückzahlen rentiert.

Umverpacken

Die fertig gefüllte und etikettierte Dose muss anschließend zum Point of Sale (POS) transportiert werden (Abb. 42). Hier bieten sich auf

Abb. 42:
Dosen am
Point of Sale

der einen Seite reine Kartonverpackungen an, auf der anderen Seite kommen aber auch zunehmend Kunststofffolien zum Einsatz.

Teil der Um-verpackung als Werbeträger

Sehr oft sind die Kartonverpackungen derart gestaltet, dass der Einzelhändler nur einen Teil der Umverpackung entfernt und er den verbleibenden Kartonrest mit ins Regal stellt, der hier als zusätzlicher Werbeträger dienen kann.

Es besteht ebenfalls die Möglichkeit, mehrere Dosen in Kleingebinden zusammenzufassen. Der Verbraucher kauft dann direkt zwei oder mehr Dosen in einer Verpackung. Typisches Beispiel hierfür sind die »Multipacks« bei Getränkedosen.

Umwelt und Recycling

Weißblech besteht zu über 99 Prozent aus Stahl und lässt sich daher einerseits mittels Magneten sehr gut aus dem Abfallkreislauf separieren und andererseits beliebig oft ohne Qualitätsverlust wieder einschmelzen und zu hochwertigen Stahlprodukten verarbeiten.

Zu 99 % recycelbar

Bereits bevor der Gesetzgeber in Deutschland Rücklaufquoten für Verpackungen bestimmt hatte, wurden Weißblechverpackungen mit Magneten aus dem Hausmüll aussortiert. Schon 1970 wurden 64 000 t gebrauchter Weißblechverpackungen wiederverwertet. Mit der Einführung des Dualen Systems bekam das Weißblechrecycling neue Impulse. Wurden 1991 noch 38 % gebrauchte Weißblechverpackungen wiederverwertet, so wurde bereits 1996 eine Recyclingrate von 80 % überschritten. Ziel ist es, so viele Weißblechverpackungen wie möglich wieder dem Stahlherstellungsprozess zuzuführen.

Abb. 43: Weißblechrecycling in Deutschland seit 1970

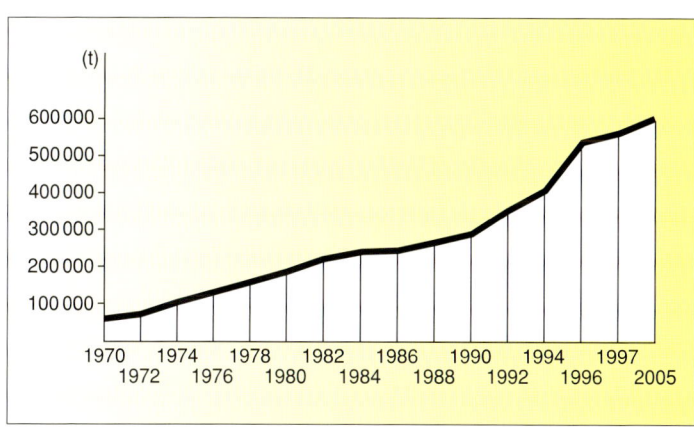

Weißblechrückführung

**Seit 1991
Duales System
Deutschland**

Für die Sammlung und Sortierung von ge-
brauchten Weißblechverpackungen aus dem
Bereich der Privathaushalte und des Kleinge-
werbes ist seit 1991 die Duales System
Deutschland AG (DSD) zuständig. Das Duale
System finanziert sich über Lizenzentgelte, die
je nach Aufwand für die Erfassung und Sortierung der einzelnen Packstoffe berechnet werden. Alle Abfüller und Importeure müssen
diese Entgelte für die von ihnen in Umlauf ge-
brachten Verpackungen an das Duale System
entrichten. Im Gegenzug sind sie berechtigt,
ihre Verpackungen mit dem DSD Symbol –
dem »Grünen Punkt« – zu kennzeichnen.
Weißblechverpackungen werden in der Regel
über gelbe Tonnen oder Wertstoffcontainer zusammen mit anderen Leichtverpackungen wie
Aluminium-, Kunststoff- und Verbundver-
packungen haushaltsnah erfasst (Abb. 44). In

*Abb. 44:
Mülltrennung privat:
Weißblechdosen
kommen in die gelbe
Tonne.*

den Sortieranlagen des Dualen Systems sortieren Magnete die Weißblechverpackungen automatisch aus. Nach dem Pressen der Weißblechverpackungen zu Ballen gelangt der Dosenschrott wieder ins Stahlwerk (Abb. 45).

Abb. 45:
Die gepreßten
Weißblechballen
wiegen bis zu 200 kg
pro Stück.

Für die Rückführung gebrauchter Weißblechverpackungen aus dem Großgewerbe und der Industrie hat die Metallverpackungsindustrie gemeinsam mit der Schrottwirtschaft und der Stahlindustrie ein spezielles Rücknahmesystem in Deutschland gegründet. Die Kreislaufsystem Blechverpackungen GmbH (KBS) übernimmt die Rücknahme gewerblich genutzter Weißblechverpackungen und deren Aufbereitung für den Einsatz im Stahlwerk. Ausgenommen sind Verpackungen von gesundheitsgefährdenden oder umweltschädlichen Füllgütern. Das KBS verfügt über ein bundesweit flächendeckendes Netz von über 260 Annahmestellen.

Kreislaufsystem Blechverpackungen GmbH

Weißblech im Stahlwerk

Gebrauchte Weißblechverpackungen und Produktionsabfälle aus der Herstellung von Weißblechverpackungen sind ein begehrter Sekundärrohstoff für die Stahlindustrie. Mit seiner Hilfe können jedes Jahr in Deutschland rund 800 000 t Eisenerz und 360 000 t Kohle eingespart werden.

Bei der Stahlherstellung im Oxygenstahlwerk, Deutschlands verbreitetstem Herstellungsverfahren, wird die hohe Kohlenstoffkonzentration des Roheisens von 3 bis 4 % aus dem Hochofen mittels Sauerstoff auf 0,02 % reduziert. Erst mit der niedrigen Konzentration bekommt der Stahl seine spezifischen Eigenschaften. Durch das »Aufblasen« von Sauerstoff, das sogenannte Frischen, steigt die Temperatur der Schmelze stark an. Die freiwerdende Energie wird genutzt, um Schrott – also auch Weißblechschrott – einzuschmelzen (Abb. 46). Dabei sinkt die Temperatur im für die Stahlherstellung erforderlichen Bereich auf 1600 °C. Bei diesen hohen Temperaturen verbrennen alle Verunreinigungen am Weißblech, wie z. B. anhaftende Füllgutreste, Etiketten und organische Beschichtungen. Aluminiumbestandteile wie der Getränkedosendeckel oxidieren bei diesen hohen Temperaturen und gehen in die Stahlwerkschlacke über, die im Bauwesen Verwendung findet. Beim Oxidieren wird wiederum Energie frei, mit der zusätzlich Schrott eingeschmolzen werden kann.

Abb. 46:
Weißblechschrott
im Konverter

Die Zinnauflage eignet sich speziell zur Herstellung einiger Stahlsorten mit hohem Zinnanteil (Transformatorbleche). Allerdings reicht der Zinnanteil des Weißblechschrottes nicht vollständig aus, so dass zusätzlich weiteres Zinn hinzugegeben werden muss.

Rund die Hälfte des weltweit hergestellten Stahls wird heute aus Schrott erschmolzen. In Deutschland werden jährlich zwischen 15 und 17 Mio. t Stahlschrott eingeschmolzen. Die Kapazitäten für Weißblechschrott sind noch lange nicht vollständig ausgeschöpft, denn der Weißblechanteil daran beträgt gerade erst 3,5 %.

Vermeiden von Abfall

Wesentliches Element des ressourcenschonenden Umgangs mit der Umwelt sind nicht nur hohe Rückführraten und ein hochwertiges Wiederaufbereiten der Materialien, sondern auch der sparsame Umgang mit den Materialien. Gerade auf dem Gebiet der Weißblechverpackungen hat sich hier einiges getan. So ist das Gewicht der Dose bei gleichem Inhalts-

Ressourcen schonen

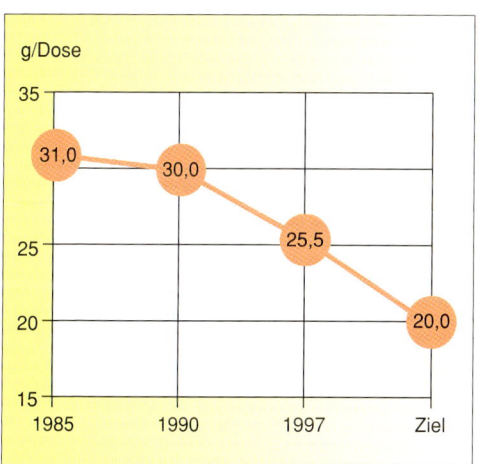

Abb. 47:
Gewichtreduzierung
Getränkedosen

volumen durch den Einsatz des doppeltreduzierten Weißbleches, besonderen Sickenstrukturen am Umfang, der geneckten Rümpfe und der reduzierten Deckeldurchmesser beständig zurückgegangen (Abb. 47). So erklärt sich, dass, obwohl der Weißblechverbrauch seit vielen Jahren um 700 000 t in Deutschland stagniert, die Anzahl der aus dem Weißblech hergestellten Dosen dennoch ständig steigt.

Ausblick

Dünner, dünner und nochmals dünner

Wie eingangs erwähnt, ist die Entwicklung zu dünneren Blechen, dünneren Zinnauflagen, dünneren Falzen und dünneren Nähten bei weitem noch nicht abgeschlossen. Hier wird in Zukunft noch ein großes ökologisches und ökonomisches Potential auszuschöpfen sein.

So wird sehr dünnes Weißblech, einhergehend mit neuen Sickenformen, kleineren Deckeldurchmessern und Falzhöhen das Dosengewicht in Zukunft weiter reduzieren. Der Umstieg vom Rollnahtüberlappschweißen der Längsnaht zum Stumpfnahtschweißen mittels Hochleistungsdiodenlaser kann hier weitere Materialsparpotentiale und höhere Verarbeitungsgeschwindigkeiten eröffnen. Durch den diskontinuierlichen Schweißprozess ist eine nahezu beliebige Vervielfachung der heute üblichen Schweißgeschwindigkeit möglich.

Schweißen mittels Hochleistungsdiodenlaser

Materialeinsparungen am Deckel ergeben sich einerseits durch dünneres Material, andererseits durch kleinere Falze. Hierfür muss jedoch die Rumpfnaht bei der dreiteiligen Dose verbessert werden (Stumpfstoßschweißen) und der innerbetriebliche Transport der offenen Dosen im Falzhakenbereich besser gegen Anstoßen gesichert werden.

Neue Dosengeometrien

Daneben zeichnen sich für die ferne Zukunft aber auch interessante Detaillösungen ab. Der Trend geht zu immer individuelleren, dem Füllgut exakt angepassten Dosenformen, angefangen bei Prägungen am Umfang bis zu ganz neuen Dosengeometrien, die am Point of Sale für Differenzierung sorgen.

Wiederverschließbarer Verschluss

So ist bei der zweiteiligen abstreckgezogenen Getränkedose der vom Verbraucher lang ersehnte wiederverschließbare Verschluss in Sicht (Abb. 48). Der Boden wird dann nicht mehr wie bisher nach innen gewölbt, sondern

nach außen gedrückt. In diese Kuppe wird ein Loch gestanzt, in welches ein Verschlusssystem eingesetzt werden kann. Der heutige Deckel mit der Aufreißlasche wird gegen einen einfachen Dosenboden ausgetauscht. Wenn man die Dose dreht, hält man eine flaschenartige, wiederverschließbare Getränkedose in der Hand.

Abb. 48: Wiederverschließbare Getränkedosen

Ebenfalls vom Verbraucher erwünscht ist der leicht zu öffnende Deckel. Hier sind Bestrebungen im Gange, in einen Deckel ein Loch zu stanzen und das ausgestanzte Teil auf den verbleibenden schmalen Deckelrand aufzusiegeln. Der Deckelrand muss dazu entsprechend verformt werden, damit er vom Durchmesser her kleiner ist als das ausgestanzte Blechteil. Das Siegelmaterial ist bereits auf dem Weißblech als Beschichtung vorhanden.

Leicht zu öffnender Deckel

Eine weitere Neuheit aus Weißblech dient der Produktionsprozess-Optimierung zur Kostenreduzierung. Der Weißblechschlauch als Vorstufe der Lebensmitteldose könnte deren bisherigen Herstellungsprozess revolutionieren.

Zwei Coils übereinander bearbeiten

Hierzu werden zwei Weißblechcoils sozusagen übereinander abgewickelt, aus diesen beiden Blechbahnen werden mittels Lasertrennschweißen mehrere noch flache Schläuche der benötigten Breite gefertigt.

Aus diesen Weißblechschläuchen können dann mittels individuellem Ablängen auf die gewünschte Dosenhöhe und Aufspreizen die Rümpfe für Weißblechdosen erzeugt werden. Denkbar wäre für die Zukunft auch die Produktion von Blockpackungen aus solchen Weißblechschläuchen.

Eine weitere interessante Idee ist eine Veränderung der Herstellung strukturierter Dosen. Bisher musste bei der Fertigung ein aufwendiger Innenstempel in die Dose einfahren. Der

Formung durch neuen Wasserhochdruckstrahl

Prozess soll durch einen punktuellen Wasserhochdruckstrahl, der von innen die Dosenwand an die Werkzeugaußenwand drückt, optimiert werden.

Alle oben genannten innovativen Ideen können die einzelnen Unternehmen im Prinzip nicht mehr alleine ausschöpfen. Erst wenn neue Ideen durch alle Verfahrensschritte hindurch entwickelt werden, wird das Potential umfassend freigesetzt. Konkret bedeutet das, dass ein Entwicklungsnetz aufzubauen ist, das

Entwicklungsnetz aufbauen

aus Zulieferern, Werkstoffherstellern, Dosenmachern, Designern und Markenartiklern besteht. Eine Projektleitung koordiniert alle Aktivitäten, die jeweiligen Aufgaben werden auf die einzelnen Projektpartner entsprechend ihrer Kompetenz verteilt. So ist es Aufgabe des Werkstofflieferanten und des Verpackungsherstellers, die technische Machbarkeit und den Kostenrahmen zu prüfen und Prototypen zu erstellen. Der Designer entwickelt das Verpackungskonzept und das markenrelevante Design. Der Markenartikler definiert die

Marktanforderung und die Markenidentität und der Zulieferer stellt Werkzeuge und Prozessabläufe zur Verfügung. Jedes dieser Entwicklungsteams sollte sich als »Business Unit« verstehen, um mit den Entwicklungsprojekten neue Märkte zu erschließen.

Jedes Team ist Business Unit

Fachbegriffe

Beizen Entfernen von Oxiden, z. B. Zunder, Rost und anderen Metallverbindungen von der Metalloberfläche durch chemische oder elektrolytische Behandlung

Bördeln Roll- bzw. Strauchformverfahren zur Kragenbildung an Hohlkörperenden

Bramme Ein Rohstahlblock mit flach-rechteckigem Querschnitt

Coil Aus dem Englischen (»Rolle, Wickel«) stammende Bezeichnung für aufgehaspeltes Stahlband

Falzen ist Fügen durch Roll- bzw. Schlagumformen derart, dass an ihren Rändern vorbereitete Blechteile ineinander gelegt oder ineinander geschoben werden und durch Anpressen der Ränder einen Formschluss erhalten.

Feinstblech Ein aus weichem, unlegiertem Stahl gewalztes Flachstahlerzeugnis in Tafeln oder Rollen mit Dicken bis 0,49 mm.

Kaltwalzen Walzen unterhalb der Rekristallisationstemperatur des Werkstoffs zur Dickenreduzierung sowie zum Erzielen bestimmter Festigkeitseigenschaften und Oberflächenbeschaffenheiten

Konverter Birnenförmiges Gefäß zum Umwandeln von Roheisen in Stahl durch »Frischen« mit oxidierenden Gasen

Necken Aus dem Englischen (»einziehen/halsen«) stammende Bezeichnung zur Verjüngung von Hohlkörperenden durch Roll- bzw. Strauchumformverfahren

Packstoff Werkstoff, aus dem Verpackungen hergestellt werden

Sicken Rillenförmige Profilumformung zur Versteifung von Hohlkörperwandungen

Verzinnen Verfahren zur Erzielung eines Zinnüberzuges als Korrosionsschutz; früher durch Schmelztauchverfahren, heute durch elektrolytische Abscheidung mittels Galvanikverfahren

Weißblech ist kaltgewalztes Stahlblech mit einer Dicke bis 0,49 mm. Eine hauchdünne, elektrolytisch aufgebrachte Zinnschicht schützt das Blech vor Korrosion.

Der Partner dieses Buches

Informations-Zentrum Weißblech e.V.
Fürstenwall 99
40217 Düsseldorf
http://www.weissblech.de
E-Mail: info@izw.de

Das Informations-Zentrum Weißblech e.V. (IZW) in Düsseldorf wurde im Jahre 1970 als Verband der deutschen
Weißblechindustrie gegründet. Es versteht sich darüber hinaus als Dienstleister und Servicecenter für Weißblechverarbeiter und -verwender.

In allen Fragen rund um Weißblech ist das IZW Ansprech-
partner für Verbraucher, Journalisten, Verpackungsdesigner,
Politiker, Markenartikler und Vertreter der Wirtschaft.

Dabei geht es nicht nur um Informationen über die Herstellung von Weißblech, seine vielfältigen Einsatzmöglichkeiten
und sein technologisches Potential, sondern auch um Fragen
des Recyclings und des Umweltschutzes.

Ziel des IZW ist es, Weißblech als innovativen, convenience-
gerechten und umweltfreundlichen Packstoff zu profilieren.

In Zusammenarbeit mit der Rasselstein Hoesch GmbH,
Deutschlands einzigem Weißblechhersteller, generiert das
IZW in gemeinsamen Projekten mit Verarbeitern und Mar-
kenartiklern neue Produktideen – auch über den klassischen
Verpackungssektor hinaus.

Auf internationaler Ebene arbeitet das IZW unter anderem
mit dem europäischen Verband der Weißblechhersteller
(APEAL) zusammen, der direkt mit den multinationalen
Markenartiklern und ihren Verbandsorganisationen kommu-
niziert. Enge Kontakte bestehen auch zum Verband Metall-
verpackungen e.V. (VMV) in Düsseldorf, der die Interessen
der weißblechverarbeitenden Industrie vertritt.